空间发展的韧性应对
——新乡黄河滩区规划实践

–李 翅 马鑫雨 毕 波 著–

中国建筑工业出版社

图书在版编目（CIP）数据

空间发展的韧性应对：新乡黄河滩区规划实践 / 李翅，马鑫雨，毕波著 . —北京：中国建筑工业出版社，2020.3

ISBN 978-7-112-25960-1

Ⅰ.①空… Ⅱ.①李… ②马… ③毕… Ⅲ.①黄河流域—区域规划—研究—新乡 Ⅳ.①TU982.261.3

中国版本图书馆CIP数据核字（2021）第046245号

责任编辑：张鹏伟
版式设计：京点制版
责任校对：赵　菲

空间发展的韧性应对
——新乡黄河滩区规划实践
李　翅　马鑫雨　毕　波　著

＊

中国建筑工业出版社出版、发行（北京海淀三里河路9号）
各地新华书店、建筑书店经销
北京点击世代文化传媒有限公司制版
北京中科印刷有限公司印刷

＊

开本：787毫米 ×1092毫米　1/16　印张：9¾　字数：192千字
2021年6月第一版　2021年6月第一次印刷
定价：48.00元
ISBN 978-7-112-25960-1
（37076）

前　言

黄河滩区（Yellow River Floodplain Area）是黄河下游河道主槽外缘到河堤的空间范围，是黄河河道的组成部分。但黄河主槽沿岸村镇选址在前、黄河主堤修筑在后，造成部分村镇聚落、林田果园被迫进入黄河滩区，成为黄河的行洪、滞洪之所。河道行洪和居民生活、农业生产的多种场景叠加在黄河滩区的空间范畴内，使得滩区变成了极为特殊的一类城乡空间地域。面对滩区群众无法在短期内完全外迁的客观实际，随着小浪底水利工程的运行，新乡市黄河滩区水患威胁逐步可控但尚存隐患。如何构建基于安全前提下的滩区城镇空间可持续的韧性发展策略，怎样保持和促进黄河滩区生态结构的完整性、构建与滩区资源对应的高品质发展策略，是黄河滩区亟待探索的问题。

■　韧性的朔源与演进

加拿大生态学家霍林（Holling C. S.，1973）最早将韧性的思想应用到系统生态学的研究领域，用以定义生态系统稳定状态的特征。最初，韧性被定义为系统恢复平衡的速度，应对危机并恢复的能力，适应新环境的能力，具有内在的坚固性、弹性与适应性，抵御外部影响并恢复的能力等。随后，基于不同学科的韧性概念得到蓬勃发展，韧性概念由工程学和生态学向更广阔的社会—生态系统研究演进。在"社会—生态系统"韧性的研究领域中，冈德森与霍林提出了"适应性循环"理论来解释社会—生态系统的运行机制，该理论可以应用到城市系统或特定的社会系统中。自2000年以来，韧性概念从"社会—生态系统"研究逐渐扩展至"社会—经济系统"中，进一步强调城市与区域系统、社区或社会，通过及时有效的方式对风险进行抵抗、吸收、适应和恢复的能力，并且能够保持其基本的结构和功能。

韧性的概念快速扩展并应用到多个研究领域。韧性被引入城乡人居生态环境建设中，表现在：气候变化与韧性城市，风景园林对城市韧性的应对措施，城市灾害规划、管理和恢复，城市水资源管理与适应，城市规划与设计中的韧性思维等。虽然"韧性城市"的含义有多种表述方式，但其共性是一种城市治理手段，强调建立一套将灾害冲击给城市带来的损失降到最低的全过程治理结构，致力于建立一套基于资源富裕、合作、包容、社会团体参与、政府协同建设的韧性城市建设治理体系。

■　区域空间的发展

区域城镇空间结构是区域政治、经济、社会、文化、生产、自然条件、工程技术和建筑空间组合的综合反映，区域政治、经济、社会活动最终都要反映到空间上。区域城镇空间结构与区域的人口、资源、环境、经济等要素存在某种双向互动机制，区域城镇空间结构是区域经济、社会、资源、环境等综合运行的结果，又是实现区域资源合理利用、环境友好、经济社会进一步发展的基础。在今天的国际经济竞争中，国家之间、城镇之间的竞争，正逐步演化为区域之间的竞争，城镇区域的整体协调发展，已成为一种全新的区域发展模式。

新时期高质量的城镇化发展目标要求我们必须具有区域的视野。区域空间的评估与发展研究成为国土空间规划工作的重要基础。基于流域、气候带、城市群等开展韧性城市空间规划和管理体系研究，是符合城市未来发展要求，兼具系统性、合理性与可行性的方式。

以"区域观"为切入点，研究包括区域生态条件分析（城市生态安全格局、生态系统演进规律以及气象规律等）、灾害预判（包括气象、社会、卫生等各类重大城市事件等）、灾害发生过程中的韧性机制以及灾害过后的空间修复途径等内容。通过区域化的空间规划体系强化生态系统和城市空间之间的整体性与协调性，增强城市公共空间和自然、经济、社会、人口移动、科技、社会服务等多发方面的联系，最终实现"城市—自然—社会"空间系统的动态平衡，从整体上提高城市与区域空间可持续发展的能力。

■ 黄河滩区空间发展的韧性思维

以区域发展视角而言，黄河滩区簇群城镇相对其他区域城镇来说颇为特殊。首先从自然条件观察，黄河滩区本身属于黄河河道的一部分，受到黄河汛期水量增长的影响，滩区群众时常面临水患的威胁。历史以来，滩区居民的生产、生活的各方面无不受到黄河水患的影响，形成当前滩区产业发展滞后、人民生活水平低下的贫困局面。再而从制度角度着眼，黄河滩区受到水利部黄河水利委员会与地方政府的交叉管理，形成政出多门的局面。随着黄河小浪底水利工程的建设和应用，新乡市黄河滩区由行洪区演变为洪泛区，水患犹存但风险逐渐可控，广阔的滩区正面临发展的机遇。在实际管理中，面对水患风险减弱的时机，地方政府对滩区发展寄予厚望，但黄河河道主管部门对滩区的城镇建设项目审批以及作物种植种类等都有严格的限制条件。整体流域的行洪需求与局部地方的发展愿望交织在同一片土地，使滩区的发展受到严格制度因素的制约。如此水患造成的特殊自然条件以及多部门交叉管理的制度约束，使得新乡黄河滩区簇群城镇时刻面对来自地段外部的不确定性影响，成为一类特殊的城镇空间。

也正因如此，对黄河滩区簇群城镇空间的研究便极具典型性与代表性。在当前快速的城镇化进程中，如何促进社会经济发展，加快城镇化进程，优化区域城镇空间，提升城镇区域的整体功能和经济带动能力以与区域资源、环境承载力相协调，实现城市和城镇化的协调发展，已成为黄河滩区簇群城镇空间发展面临的亟待解决的关键技术问题之一。

本书以新乡黄河滩区为实证案例，探讨了区域城镇空间的韧性应对策略与优化手段，寻求能实现区域统筹、协调发展、优化集约的区域城镇空间，以促进黄河滩区经济、社会与环境的可持续发展，实现社会经济发展、生活质量提高与生态环境保护、资源合理利用的良性循环。研究成果对研究我国其他区域城镇空间具有很好的借鉴意义与参考价值。

致 谢

本书基金支持：国家自然科学基金：生态演进视角下的黄河滩区簇群城镇空间发展特征、机制及韧性应对（项目批准号：51978050），以及北京林业大学建设世界一流学科和特色发展引导专项资金：韧性视角下的新乡黄河滩区城镇空间发展特征、机制及优化研究（项目编号：2019XKJS0319）。

This Publication is Supported by *Natural Science Foundation of China*: Research on the Characteristics, Mechanism and Resilience Response of Cluster Towns Spatial Development in Yellow River Beach Area on the Perspective of Ecological Evolution (Project Approval No.: 51978050); And the *World-Class Discipline Construction and Characteristic Development Guidance Funds* for Beijing Forestry University (No.: 2019XKJS0319).

目 录

第1章 概 述

泥沙俱下的黄河水流，经过连年淤积，在鲁豫大地形成了悬河奇观。黄河下游修建于明清时期的黄河主堤，框定了黄河河道范围的同时，也将数以百万居民的家园划进了"黄河滩区"之内。

黄河滩区（Yellow River Floodplain Area）指黄河下游宽河道段主河槽至两侧河堤之间的地带；是黄河沉积泥沙、滞蓄洪水的主要行洪区域，同时又是数百万群众祖祖辈辈生活的家园（图1.1）。新乡市黄河滩区位于黄河北岸，面积1006平方公里，绵延153公里，涉及分属4个区县下辖的17个乡镇的50余万人口。长久以来，黄河的河道行洪属性与人民的居住生活需求交织在滩区之内。由于同时承担着行洪滞洪、生产生活等多种职能，黄河滩区成为一类特殊的空间地带。

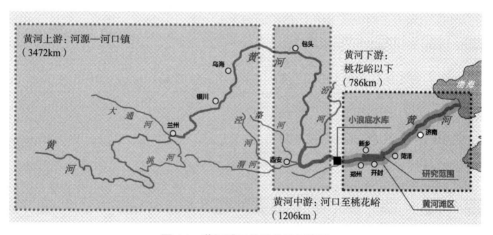

图1.1 黄河滩区位置关系示意图

一、黄河滩区发展的机遇与挑战

1. 黄河流域生态保护和高质量发展的国家重大战略

2019年10月16日出版的第20期《求是》杂志发表了中共中央总书记、国家主席、中央军委主席习近平的重要文章《在黄河流域生态保护和高质量发展座谈会上的讲话》。文章强调，要坚持绿水青山就是金山银山的理念，坚持生态优先、绿色发展，以水而定、量水而行，因地制宜、分类施策，上下游、干支流、左右岸统筹谋划，共同抓好大保护，协同推进大治理，着力加强生态保护治理、保障黄河长治久安、促进全流域高质量发展、改善人民群众生活、保护传承弘扬黄河文化，让黄河成为造福人民的幸福河。文章指出，黄河流域是我国重要的生态屏障和重要的经济地带，是打赢脱贫攻坚战的重要区域，在我国经济社会发展和生态安全方面具有十分重要的地位。保护黄河是事关中华民族伟大复兴的千秋大计。习近平总书记郑重宣布："黄河流域生态保护和高质量发展，同京津冀协同发展、长江经济带发展、粤港澳大湾区建设、长三角一体化发展一样，是重大国家战略。"这就意味着：黄河流域生态保护和高质量发展规划就是要更加注重保护和治理的系统性、整体性、协同性，以生态保护为最大前提，规划好各自的差异化发展道路，实现科学、绿色、可持续的发展。

2. 地区健康可持续发展的需求

一方面，多年来的洪水威胁，使黄河滩区走向边缘化，成为产业落后、人民贫困的发展低地；另一方面，发展的迟缓也为新乡市黄河滩区保留了优良的生态环境。随着 2001 年年底黄河小浪底水利工程建成运行至今，新乡市黄河河段汛期水位得到调控、河槽淤沙得到冲刷，行洪能力有所增强。滩区洪水风险趋于可预测，滩区正值发展机遇。面对滩区群众无法在短期内完全外迁的客观实际，在外部水患威胁逐步可控但尚存隐患的情况下，如何基于安全前提形成中立互补的策略并引导滩区发展值得探讨。如何进一步提升黄河滩区的整体功能使之与地区资源相协调，实现滩区的健康可持续发展，已成为黄河滩区空间发展面临的亟待解决的关键技术问题之一。

3. 人民日益增长的美好生活的期盼

实行改革开放以来，我国步入了城市化进程快车道，人民群众的生活条件不断改善。党的十九大报告指出：中国特色社会主义进入了新时代，我国社会主要矛盾已经转化为人民日益增长的美好生活需要和不平衡不充分的发展之间的矛盾。然而，随着时代的发展，新乡市黄河滩区在社会经济结构、村镇空间形态上均呈现出时代差异性。当前，黄河滩区是我国决胜全面建成小康社会的扶贫攻坚重点地段。国家乡村振兴战略制定了鼓励城乡融合、深化农业供给侧结构性改革、坚持人与自然和谐共生、传承农耕文明等重点方针。

城乡发展的滞后、相关政策的倾斜，进一步引发了滩区人民对安全、稳定的美好生活的强烈期盼。以区域发展视角而言，黄河滩区城镇相对其他区域城镇来说颇为特殊，由于黄河滩区本身属于黄河河道的一部分，受到黄河汛期水量增长的影响，滩区群众时常面临水患的威胁，产业类型、建设项目受到严格的管控。也正因如此，对黄河滩区空间发展策略的研究便极具典型性与代表性。因此，在洪涝隐患下谋求发展，需在适当的洪涝适应性发展理论的视角下，提出与之匹配的空间发展理念，使滩区发展成为可能。

二、黄河滩区发展的相关研究

黄河滩区地域宽广，不可完全忽略其土地价值而单作河流行洪地区，同时在客观条件约束下滩区人口无法在短期内完全外迁。以上特征是黄河滩区与其他滨水滩地治理的最大差别（秦明周、张鹏岩等，2010）。因此，针对黄河滩区的研究具有一定的独特性，可供参考的案例极少。国内目前关于沿黄滩区发展的研究主要分为两大类：现状解析类、策略建议类。

1. 沿黄滩区现状解析类的研究

关于沿黄滩区现状解析类的研究，一方面体现在防洪工程技术的发展与总结，如赵根生（2005）从历史视角与工程因素，具体说明了黄河滩区现有工程分类与成因；另一方面，集中在水量监测预测，如康玲玲、黄淑阁等（康玲玲、董飞飞等，2010；黄淑阁、杨正卿等，2006）分别利用黄河花园口水文站峰值流量数据的分析，预测黄河未来下游河道的行洪能力将进一步提高；秦明周等（秦明周、张鹏岩等，2010）利用近 20 年的黄河汛期水位图，依据水位漫滩范围，划定了 4 条平行黄河的功能带，逐个提出发展建议。基于黄河滩区现状解析，研究者们普遍对黄河小浪底水库调蓄冲刷的效果持肯定态度，认为黄河滩区的汛期洪水威胁逐步可控，滩区未来存在重要发展机遇。

2. 沿黄滩区策略建议类的研究

关于沿黄滩区策略建议类的研究，主要分为滩区产业发展策略研究、滩区土地利用策略研究、滩区搬迁安置策略研究三大方面。

针对滩区产业发展策略的研究中，贾晓琳、任继周、张金良、白缤丽等（贾晓琳、李圣化，2015；任继周、常生华，2007；张金良，2017；白缤丽，2013）提出策略建议。在空间上，提出以河床为中轴，外展依次以带状形式布局的概念性空间发展策略；在产业上，提出增强产业基础设施、调整产业结构、促进滩区居民城镇化的主要策略。

针对滩区土地利用策略的研究中，张鹏岩、王争艳等（张鹏岩、秦明周等，2008；

王争艳、黄倩等，2011）提出工程手段保护土壤、科技手段改良土壤、多元种植发展经济、加大教育、减少破坏等建议；张世全等（张世全、王家耀等，2008）利用GIS影像图分析，对河南省黄河滩区的老滩、嫩滩进行了统计，对各沿黄区县所辖滩区宜耕土地规模进行了计算和统计；姜英（2012）利用层次分析法，对焦作市黄河滩区进行了土地资源的适应性评价，划定宜耕土地范围，提出改良滩区产业结构的策略。

针对滩区搬迁安置策略的研究中，生秀东（2015）总结搬迁安置类型，倡导滩区居民一步到位进城安置的方式。

3. 关于黄河滩区的相关研究小结

现有黄河滩区研究主要以搬迁策略研究、滩区土地利用形式研究、滩区产业困境研究、滩区现状成因与水量监测预测研究为主，以上研究在沿黄滩区发展中作出了重要的贡献，但其策略内容普遍停留在概念性的建议层面，相对难以落实到具体的滩区空间实践中。其中秦明周、任继周、张金良等（秦明周、张鹏岩等，2010；任继周、常生华，2007；张金良，2017）分别从汛期水位分析、滩区土地利用等方面展开研究，已经在研究成果中有意识地提出黄河滩区分层、分条带的生态发展方式，某种程度上认可滩区土地"可淹没"的客观实际，但大部分研究成果尚未实现对滩区具体空间的落位。同时，以上研究在滩区土地利用方面提出的灵活性使用策略呈现出一定程度的"韧性"理念，但并未在研究中正式提及"韧性"概念。综上可见，基于韧性城市理念的沿黄滩区发展研究尚属少数。

随着国内研究者的探索逐步接近"韧性"思想，加之黄河滩区本质的行洪、滞洪属性与生活生产功能的交叠，需要随时承受外界的冲击，使之成为韧性城市理论可能的适用场所。

三、研究的内容与方法

1. 本书的主要研究内容

研究进程分为四个主要部分：空间发展的韧性思维、滩区发展分析评价、滩区空间结构的优化与支撑体系、乡镇发展建设引导。

空间发展的韧性思维部分，基于理论基础研究，通过文献查阅与梳理，明确当前韧性城市研究与实践的进展与主要方向，从韧性城市的发展历程、韧性城市的评估研究、韧性城市的规划实践、韧性城市思想下的滩区空间发展（职能分类）几方面具体展开。

滩区发展分析评价部分，进一步从滩区空间类型入手，研究新乡市黄河滩区各类职能空间韧性不足的方面与具体表现形式，继而探究各因素之间的内在关系与主要发展矛盾。

滩区空间结构的优化与支撑体系部分，共分四小节，每节首先从黄河滩区空间韧性发展理念研究切入，基于对韧性城市相关文献的梳理、结合滩区地段的客观条件总结梳理黄河滩区空间韧性的发展理念，以期为黄河滩区的空间韧性分析与评价提供依据、为空间优化策略的制定提供指导。继而在每小节中，从工程安全前提、生态空间、生活空间、生产空间，分别提出针对空间布局的策略研究。以坚固高效的工程安全为前提方面，提出满足高效撤退原则的道路交通布局、实施灵活高效的道路附属阻洪措施的具体策略，主要从大尺度空间结构布局上针对案例地段展开讨论。再造结构冗余的生态空间方面，将从两个层面讨论生态系统的冗余结构与合理利用的关系：在大尺度空间布局的视角下，提出保护并强化水岸生态系统的串联结构，增加滩区生态系统的并联结构，共同增强滩区生态系统的稳定性；在斑块尺度上，研究提出增加空间层次、拓展合理的利用方式。营造丰富灵活的生活空间方面，提出丰富生活空间形态满足多元需求、以点带面促进生活服务灵活布局、灵活发挥文化优势促进社区认同的大尺度空间结构布局策略。构造多样联系的生产空间方面，首先突出产业空间布局的差异化特征，布局沿黄河流向多样化的产业分工；进而承接滩区水患分级安全格局，拓展生产空间复合利用；通过改善滩区交通条件，完善滩区内外联动的产业辐射方式。

乡镇发展建设引导部分，以研究范围内的典型生活空间为具体案例进行空间设计引导。

2. 本书所采用的研究方法

1）文献查阅法

文献是前人研究的理论成果的有形载体，是理论研究与相关应用实践有效的传播媒介。通过大量查阅文献，深入了解理论依据，清晰掌握当前研究进展，借鉴相关应用研究与实例分析，使得本次研究有坚实的理论基础。

文献查阅法在本书中，主要用于第 1 章相关理论方法的综述与第 2 章韧性发展理念的研究中。另外，在分析评价与优化策略研究中，通过查阅、收集前人文献成果，了解当前黄河汛期在新乡市河段主要流量情况，并以历年国家水利部发布的《黄河水资源公报》等文献资料中提供的数据进行补充和验证。

2）田野调查法

田野调查法也称为实地调查法，是直观了解研究地段外在特征的有效方式，其中又包含实地踏勘、问卷调查、访谈口述等多种实施手段。

本方法主要用于第 3 章的空间分析评价研究中，通过多次进入研究地段，展开田野调查，利用图纸、表格、文字、图像等方式记录地段基本情况，通过观察、访谈、问卷等多种方式掌握新乡市黄河滩区的外在袭扰因素与影响结果，梳理、归纳现存的发展困境与基本诉求，为问题与原因挖掘、居民诉求的总结提供第一手的资料。

3）情景预测法

该方法是假定当前某种情况或趋势将延续或发展到未来的前提下，对潜在现象或可能的后果进行预测的方法。该方法中研究者普遍把研究对象按照主体和环境划分，通过对外部环境研究，识别影响主体发展的外部冲击或袭扰因素，模拟上述因素可能形成的多种情景，以预测主体未来可能的前景。

本方法主要用于第3章的空间分析评价与第4章的空间优化策略研究中，预测黄河滩区未来的发展情景，发掘未来滩区的扰动因素，为韧性策略的结构冗余程度、功能多样类型、空间使用需求提供依据。

4）GIS分析方法

地理信息系统（Geographic Information System，GIS）作为研究的技术分析手段，是有效、直观的提取、统计、叠加、研究地理信息空间分布的工具。

本方法主要用于第3章的空间分析评价与第4章的空间优化策略研究中，通过提取研究地段的高程信息，完成地形分析，确认滩区不同水位浸没范围；通过网络分析功能，可实现当前道路交通可达性评估，并可对研究拟定的道路交通体系的改善程度进行检验；通过提取地表居民点、道路、水系、林地、农田、草地等滩区用地要素，可实现定量化、可视化的数据处理；通过多因子影响范围叠加分析，有助于确定和发掘重点研究地段。

第 2 章　空间发展的韧性思维

要厘清空间的韧性思维，首先应清晰区分"城市韧性"（Urban Resilience）和"韧性城市"（Resilient City）的概念，以便在论述中指代明确。

对于城市韧性，学界普遍认为它是城市系统的一种适应外部冲击与袭扰的能力。韧性联盟（Resilience Alliance，2007）将其定义为：城市系统能够消解外界的冲击与袭扰，并保持系统自身典型特征、重要结构、主要功能的能力（蔡建明、郭华等，2012）。沃克等（Walker B.、Holling C. S. et al，2004）认为城市系统从外界的袭扰中学习与适应的能力同样是城市韧性的组成部分。

而韧性城市，作为一种具备风险抵御能力、在冲击与袭扰中自我恢复能力以及学习转化能力的城市系统（李彤玥、牛品一等，2014），正在国内外积极推广和培育，并在国外形成了一系列的研究框架体系；在国内研究中，韧性城市也被译作弹性城市（仇保兴，2017）、包容城市或者是活力城市（徐振强、王亚男等，2014）。

在国内"韧性"概念的研究方面，对于"Resilience"一词，国内研究者们在一段时间以来，一直将"韧性"与"弹性"作为相似的概念使用。李鑫、车生泉（2017）回顾了韧性城市理论的发展进程，明确"韧性城市"的提出，是为了应对"社会—生态"系统未来有可能面对的扰动与冲击，描述了国内对"韧性"与"弹性"的混用现状，强调应明确分清工程韧性与生态韧性、城市弹性和城市韧性的区别和联系。

在"中国知网"的文献检索系统中（截至 2018 年 12 月），"篇名"检索，以"韧性"为首选搜索条件，并含"城市"的文献有 168 篇；同理，以"弹性"为首选搜索条件，并含"城市"的文献有 308 篇；可见，国内学界对"弹性城市"的使用频率将近是"韧性城市"使用频率的 2 倍。在以上 476 篇主题相关文献中，含主题词"规划"的文献共 200 篇，含主题词"空间"的文献共 99 篇，含主题词"生态"的文献共 97 篇，含主题词"基础设施"的文献共 63 篇，含主题词"策略"的文献共 56 篇，含主题词"景观"的文献共 28 篇，含主题词"土地利用"的文献共 24 篇（图 2.1，左图）。以上主题词检索文献中，对"弹性城市"一词的使用，均多于"韧性城市"一词（图 2.1，右图）。综合而看，关于城市研究的文献，偏重使用"韧性"一词；关于景观研究的文献，偏重使用"弹性"一词，实则二者均是对英文"Resilience"的解读，本书内统一用"韧性"表达。

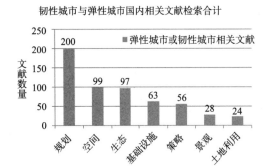

韧性城市与弹性城市国内相关文献检索合计

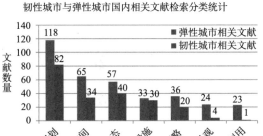

韧性城市与弹性城市国内相关文献检索分类统计

图2.1 韧性城市与弹性城市国内相关文献检索分类统计（图片来源：作者绘制）

一、韧性城市的发展历程

"韧性"（Resilience）是英语"resile"的名词形式，来自法语"résilier"，更早源于拉丁语"resaliō"，可理解为"复原到原始状态"。"resilience"是其名词形式，意为"弹性、韧性"；"resilient"是其形容词形式，意为"弹性的、韧性的"。

19世纪中叶，随着农业文明向工业文明的发展，韧性概念被用于机械学领域，描述金属经过外力作用产生形变之后的复原能力（邵亦文、徐江，2015）。

1973年，在生态学领域，霍林（Holling C. S.，1973）引入韧性的概念来定义自然生态系统自我修复、回归稳态的特性。20世纪90年代以来，韧性概念的研究范畴从自然生态学领域逐渐向人类生态学领域延展，成为韧性城市研究的基础。

随后韧性理论先后发展形成三种范式，不断加深研究者们对系统平衡的认知；到现阶段为止，城市韧性研究共形成四种内涵。

1. 韧性理论的三种阶段及其范式

"韧性"概念自从进入生态学研究以来，经过两次概念完善：先后从工程韧性（Engineering Resilience）发展至生态韧性（Ecological Resilience），并进一步到演进韧性（Evolutionary Resilience）。历次的概念修正都使得韧性的外延更为广阔，内涵更为丰富。

1）工程韧性

工程韧性被视为系统的一种恢复原状的能力，源于工程力学中韧性的基本思想，但在应用中已不同于工程项目的机械零件复原过程，而是指系统整体所具有的恢复原

状的韧性特征；此时，工程韧性的研究对象
是一个整体系统，并非实体的工程零部件。
霍林（1973）对工程韧性概念的定义是：在
受到扰动（Disturbance）后，系统重新复原
到扰动前的平衡状态或稳定状态的能力。

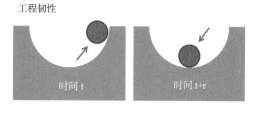

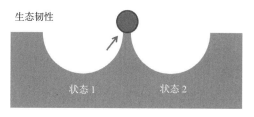

图 2.2　工程韧性与生态韧性的球杯模型示意
（图片来源：依据 Gunderson L. H. 的球杯模型
绘制）

2）生态韧性

随着学界对系统与其周边环境相互作
用关系认知的加深，工程韧性呈现出刻板
单一的特点（邵亦文、徐江，2015）。也就
是说，系统可以具备多种平衡状态，系统
的韧性不仅有机会促使系统重新复原到曾
经的平衡状态，而且有可能引导系统经过
自身调整而跳转到新的平衡状态。该见解
下提出的韧性特点类似于生态系统自我调节的运行规律，获称生态韧性（Holling C. S.，
1996）。

生态韧性强调系统要达到新的平衡状态，否定了单一均衡的状态，承认多样化的
平衡状态，系统具有转化到这些不同状态的适应和变化能力（图 2.2）。

3）演进韧性

在生态韧性的基础上，沃克（Walker B.、Holling C. S. et al.，2004）等学者提出：
韧性不仅是简单系统对初始平衡状态的恢复或新状态的转换能力，而是相对更为复杂
的"社会生态系统"为应对外部压力和自身所处限制条件而形成的一种改变、适应和
转化的能力。

演进韧性的见解本质上是来源于霍林和冈德森（Holling C. S.、Gunderson L. H.，
2001）建立的适应性循环理论（Adaptive Cycle），该理论中学者们认为复杂系统的发
展和变化包含了四个阶段（图 2.3）。

4）三种韧性范式之间的比较

工程韧性关注系统的单平衡状态，认为系统韧性的强弱表现为系统在冲击与袭扰
后复原的速度。生态韧性改变了系统仅有一种平衡状态的认知，进而指出系统可具备
多个平衡状态，可被激发出相应的改变和适应能力。演进韧性的提出，体现了韧性的
多平衡认知，进一步从单一系统研究发展到多系统研究的进展（图 2.4）。

以上三种韧性范式的演变历程说明了学界对系统自我恢复能力认知的提升，为韧
性研究拓展到城市研究范畴形成了铺垫。演进韧性的见解基于社会生态系统的提出，
成为现阶段城市韧性研究的主要理论基础。

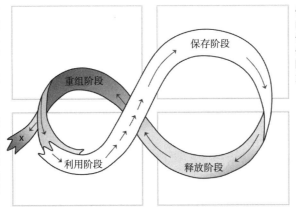

重组阶段，韧性强的系统通过创新获得进一步发展，再次进入利用阶段，抑或因缺少必要的能力储备，从而脱离循环，导致系统的失败

利用阶段，系统不断吸收元素并且通过建立元素间的联系而获得增长，由于选择多样性和元素组织的相对灵活性，系统呈现韧性升高

保存阶段，因元素间的联结性进一步强化，使得系统逐渐成型，但其增长潜力转为下降，此时系统韧性开始减弱

释放阶段，由于系统内的元素联系变得程式化，需要打破部分的固有联系取得新的发展，此时系统韧性低，潜力逐渐增长，直到混沌性崩溃

图 2.3　演进韧性的四阶段示意（图片来源：依据 Holling C. S.、Gunderson L. H. 提出的适应性循环模型绘制）

工程韧性
（Engineering Resilience）

韧性的单一平衡认知：
韧性：系统恢复原状的能力

生态韧性
（Ecological Resilience）

韧性的多平衡认知：
韧性：系统具备转化到不同状态的适应和变化能力

演进韧性
（Evolutionary Resilience）

复杂系统的多平衡认知：
韧性：复杂的社会生态系统为回应压力和限制条件而激发的一种变化（change）、适应（adapt）和改变（transform）的能力

图 2.4　韧性认知的变化与发展（图片来源：作者绘制）

2. 城市韧性的四个内涵

　　城市韧性研究起源于生态学，韧性概念从生态学视角逐渐扩展到包括生态、工程、社会和经济的四方面视角。韧性联盟（Resilience Alliance，2007）将其定义为：城市系统能够消解外界的冲击与袭扰并保持系统自身典型特征、重要结构、主要功能的能力，并指出具有生态韧性、工程韧性、社会韧性、经济韧性四方面的内涵（蔡建明、郭华等，2012）。

　　1）城市生态韧性

　　城市生态韧性方面，霍林（1973、1995）作为最先提出者，认为韧性是指系统能较快恢复到原状态或经过自身调整转化进入新的平衡状态、并维持本身结构功能正常运行的能力；城市生态韧性中，冈德森、霍林等（2002）先后提出了描述生态系统演变机制的一系列理论模型：扰沌（Panarchy）模型、适应性循环（Adaptive Cycle）模型、多尺度嵌套适应性循环模型等。

城市格局与城市生态韧性的关系是一大研究重点：一方面，阿尔伯蒂等（Alberti M.、Marzluff J. M.，2004）关注城市形态、土地利用形式等城市格局对城市生态系统韧性的影响。另一方面，根据适应性循环，研究城市系统的生命周期、不同尺度和层面的生态系统之间的相互作用（Ernstson H.、Sander E.，2010），是城市生态韧性研究的另一个主题。

城市生态韧性的研究强调城市系统与自然的联系，关注城市系统中生态廊道、斑块、基质的相互连通性。当城市中的生态因子点线结网、形成生态网络，生态因子之间相辅相成、彼此增强，形成具备一定缓冲能力的稳定结构。城市生态系统应对外界扰动时，网络状的城市生态系统稳定性比分散的生态因子更具抗逆性，呈现出"1+1>2"的效果，有助于城市缓解并消化突发性气候灾害等情况带来的影响。

2）城市工程韧性

城市工程韧性方面，威尔达夫斯基（Wildavsky A.，1988）认为韧性是系统应对偶发性灾难并能恢复到平衡水平的能力，强调发生偶然灾害时的韧性与影响之后的恢复适应能力。霍林（1996）关注系统在平衡状态下的稳定性，重视恢复平衡的速度以及系统对外界干扰的承载限度。布鲁诺（Bruneau M.、Stephanie E. C. et al.，2003）认为韧性包括系统强度、系统备用资源、快速恢复平衡的性能、系统随机应变的水平，并构建了定量模型，探究坚固性和快速性所影响的基础设施工程韧性。美国多学科地震工程研究所中心（MCEER，2005）构建了一套基础设施韧性研究框架，指出坚固性（Robustness，又称鲁棒性）和快速性（Rapidity）是工程韧性的主要特征。

城市工程韧性强调，通过规划理念和设计手段的不断更新，以达到防灾减灾的目的，但其中本质是对土地利用规划与空间布局的高层次要求（Stevens M. R.、Berke P. R. et al.，2010）。

3）城市经济韧性

城市经济韧性方面，罗斯等（Rose A.、Lim D.，2002）认为经济韧性是城市系统在偶发性灾害发生后，为规避潜在损失而采取灵活策略的能力。普莱茨（Polèse M.，2010）认为经济韧性是系统在面对危机时保全自身、维持新的发展机遇的能力。以上学者们的研究指出，城市经济韧性的形成有赖于城市系统自身多样性的产业结构。

在城市规划学和经济地理学视角下展开研究，城市经济韧性同时也认为气候变化是城市面临的主要危机之一；其研究更关注从产业多样性、经济自组织能力等方面，研究城市经济产业系统的应对外部冲击与袭扰的能力。普莱茨（Polèse M.，2010）认为较为完善的城市经济韧性应包括：受过良好教育和职业技术培训的人口、经济产业能够辐射广阔的市场、具有多样的经济类型并拥有较大的服务业比重、城市健康宜居这四方面。

4）城市社会韧性

城市社会韧性方面，作为将生态韧性的概念引入社会研究领域的首批研究者之一，阿杰（Adger W. N.，2000）认为城市社会韧性是社区和人群应对外界变化的能力，外界变化包含社会、政治、环境改变所带来的压力。帕顿等（Paton D.、Johnston D.，2001）提出社会韧性是系统在外界干扰下，依然保持正常性能，并集聚资源、应对挑战的能力。美国国家科学技术委员会（Subcommittee on Disaster Reduction，2003）提出，社会系统或社区能通过自组织学习，从以往灾害中总结经验、适应潜在风险、完善防灾措施，是城市社会韧性的主要内涵。帕顿等（Paton D.、Hill R.，2006）进一步将韧性视为一个过程，其中包含不断学习和进步的过程，来应对各种偶发性灾难，将社会韧性提升到了危机管理策略层面。

韧性主体空间的尺度变化，形成个体／家庭、地方社区、城市、区域、国家以及全球层面的格局。随着气候变化、灾害管理、恢复与安置等规划需求上升，社区韧性（Community Resilience）也是社会韧性在城乡内部空间的典型应用。在个体和地方层面，社区韧性体现在能力、过程和目标三个方面（彭种，郭祖源，彭仲仁，2017）。对于城市系统单元——社区，韧性是一种受到干扰后将一系列适应能力、功能与积极的适应轨迹联系起来的过程（Norris et al.，2008），也是一种发展目标，目的是获得基层冗余性、鲁棒性、快速性、连通性和灵活性（Wilson，2014）。基于自下而上与自上而下的视角结合及对主体能动性的关注，社区韧性强调社会资本和社会网络在社区治理中的重要作用（刘佳燕，沈毓颖，2017）。

二、韧性城市的评估研究

国内外韧性城市的评估研究，一方面以定性分析的方式从韧性城市的表征探讨韧性城市应具备的特点；另一方面以构建研究框架的形式，探索定量方法在城市的韧性水准评估中的应用。

1. 韧性城市的主要表征

目前关于韧性城市的研究中，韧性城市的表征受到国外学者的关注，同时部分国内研究者也基于国外文献对其解读。

总体而言，学者们普遍认同韧性系统应具备冗余性，并有研究者提到以重复性模块化的备用设施来分散系统风险。同时，鲁棒性、多样性、联结性、高效性、适应性、灵活性也被认为是具备韧性的城市系统特点的体现。另有研究者认为，系统的恢复力、转化力、创新力也很重要,笔者探究这三者内涵后认为它们是系统的适应性的组成部分,重点体现在动态平衡过程（表 2.1）。

文献中韧性城市的特征出现数量对比　　　　　　　　　　　　　　表 2.1

韧性系统特征	Wildavsky A.	Ahern J.	Allan P.、Bryant M.	Alberti M.、Russo M.	Godschalk D. R.、杨敏行、黄波等	黄晓军、黄馨	邵亦文、徐江
冗余性	√	√	√	√			√
多样性	√	√	√		√		√
联结性	√	√	√		√		√
灵活性	√			√		√	
高效性	√		√		√		
适应性		√	√	√	√		√
鲁棒性				√	√		
模块化		√	√				
恢复力				√			
转化力				√			
创新力			√				

注:"√"表示该作者所著文献中提及该特性;数据来源:作者整理。

以上特性中,冗余性、多样性、联结性、灵活性、适应性均从应对冲击与谋求发展两方面展开讨论,模块化、高效性、鲁棒性主要从应对灾害冲击的视角进行讨论。

冗余性要求:系统本身应在一定程度上预留超越自身需求的额外储备能力（Wildavsky A.,1988;邵亦文、徐江,2015）,通常以备用设施模块的形式出现,通过在时间上缓解冲击、在空间上分担潜在风险,减少整体系统在扰动情境中的损失（Ahern J.,2011）。换言之,冗余性强调了系统要素是否可替换,万一系统部分要素失常,仍能保障必要的功能（黄晓军、黄馨,2015）,因此当系统局部受到影响时,本身可以提供备用部件加以替换或补充,防范整个系统瞬间失灵（Godschalk D. R.,2003）。综上,从冗余性的角度来看,对城乡空间防灾减灾而言,往往需增补可提供缓冲作用的防护空间;对城乡空间未来发展而言,则需预留一定数量的发展备用空间。

模块化要求:韧性的系统往往采取标准化的统一模块组成整体,当某一模块发生故障,可快速替换备用模块,减小故障对整体系统的影响（Ahern J.,2011）。城乡空间中,往往以标准化、可复制的典型空间布局方式,重复性分布在潜在冲击显著之处,如黄河滩区层层砌筑的各级防洪堤坝、堤坝偎水一侧重复砌筑的丁坝,以及丁坝上备用的防汛石料。

多样性考虑"平灾结合"的功能叠加：在城市整体层面，第一，韧性的城市应具有混合与叠加的城市功能（Ahern J.，2011），防止功能单一的城市要素之间出现联络受阻；第二，利用多元的系统组分所形成的多种可能方式来削减系统的外部冲击，与前者共同提升系统应对冲击的兼容特征（Wildavsky A.，1988）；第三，城市生态系统和社会组织的多样性在危机之下能提供更多信息、促进产生解决问题的更多思路和方式（Ahern J.，2011）。可见，城乡系统的多样性分别表现在城市功能的多元化、应对冲击的多种选择的可能性、社会生态多样化等方面（邵亦文、徐江，2015）。在局部地段与设施层面，包含空间形态的多样化和原材料的本土化；若城乡空间的功能、形态具有多种类型，能适应不用种类的使用需求，个别需求减弱的情况下，整体城乡系统的发展不会受到毁灭性影响。进一步，应有一定比例城乡产业的原材料来自当地，对外联系局部受阻的情况下，不会造成产业的灭顶之灾。

联结性要求：城乡空间单元之间具备多种便捷的交通、通信等联系方式，彼此建立资源、产品、客流、信息之间的廊道。一方面，在城乡系统局部受到外界冲击影响的情况下，通过及时调动系统内资源，补充最需要的缺口（Wildavsky A.，1988）。另一方面，在城乡发展中，为区域合作提供有效的物质运输通廊、信息交换网络，以实现系统部件之间相互支撑与协作的关系（Godschalk D. R.，2003）。

高效性要求：城乡空间面临外界冲击影响时，应具备高效的提前调度与协调的能力，在灾害发生后的救援与自救中应具备快速响应能力（黄晓军、黄馨，2015）。在城乡管理中，应提前安排紧急情况的处理预案、应急物资与人员的调动预案。利用动态的过程（Godschalk D. R.，2003）对外部潜在风险进行提前预判、倡导扁平化的管理层级，提高各城乡单元的应急指挥效率。

灵活性要求：对于城乡空间的各类潜在风险，具备针对具体地段的应对策略，力争城乡空间面对外部冲击时做到有的放矢；对于城乡空间发展过程，具有因地制宜的差异化特色发展路径，城乡建成环境与产业空间，应具有灵活可变的空间使用方式，面对外部市场变化可应运而产生与之匹配的使用新需求。其灵活不仅强调因地制宜的物质空间环境的构建，进一步还提倡社会机能的灵活组织（邵亦文、徐江，2015），从灾难恢复的过程中，宜通过灵活的机制促进灾后恢复的能力（黄晓军、黄馨，2015）。

鲁棒性又称坚固性，要求城乡建成环境具有足以抵御一定程度的偶发物理性破坏的能力（Godschalk D. R.，2003）。并应在外部冲击发生过程中，具体评估地段建成环境抗物理破坏能力，掌握当前系统的强度（黄晓军、黄馨，2015），明确地段脆弱点与抗冲击极限。鲁棒性要求，系统应既要有具备一定强度的硬件设施，又要明确系统自身硬件设施的强度阈值，以便在外部冲击发生时准确判断自身处境。

适应性要求系统在应对外界冲击的全过程中，发挥学习能力，吸取教训，及时革新（Godschalk D. R.，2003），促进系统进入新的平衡状态，为更加有效地应对未来类似冲击积累经验。城乡空间系统在规划设计中应以"规划决策难免存在缺陷"为基本认知，并在规划实施中将外部冲击视作对决策进行修正与完善的机会（Ahern J.，2011）。以发展的眼光看待城乡空间系统规划，系统以上述特性为基础，并在应对各类冲击时，发挥转化力（Alberti M.、Russo M.，2009）、创新力（Allan P.、Bryant M.，2011），形成系统的恢复力（Alberti M.、Russo M.，2009），尽可能快速、平稳地进入新的系统稳定状态，完成一个动态平衡的轮回。

2. 韧性城市的研究框架

1）国外韧性城市的研究框架

国外主要以韧性城市研究框架的形式，进行城市的韧性水准评估研究。相关国际组织，以及美国、日本等国的相关研究机构，构建了十余套韧性城市研究框架。从研究的出发点来讲，以上框架主要分为三类：从城市整体系统出发、从预防灾害风险和气候变化出发、从能源系统出发。

基于城市整体系统，国外机构共提出以下几种韧性城市研究框架。美国洛克菲勒基金会制定了包含居民健康与幸福、城市经济与社会水平、城市运行体系、领导力与战略四方面的研究体系；日本北九州城市中心从城市制度、城市空间设施基础、城市机构配置情况展开研究；日本法政大学构建了包含城市指标、行政指标、市民指标三方面的韧性城市评价体系；联合国大学环境与人类安全研究所的研究将具备韧性的城市看作一个球体，球体的扩张代表着韧性的增强，反之则韧性降低。以上研究框架的分类体系各有差异，但所包含的次级指标类似度很高。洛克菲勒基金会的观点及其主导的韧性城市框架因其各类指标相对独立，有利于引导框架体系的实践，而受到国内学者的认同（李彤玥、牛品一等，2014）。

国外基于预防灾害风险和气候变化，提出了几种韧性城市相关研究框架。美国国际开发总署基于印度洋海啸监测，提出涵盖 8 个要素的沿海社区韧性研究框架；世界银行对东亚城市提出"风险评价－检验"的韧性城市研究框架；美国洛克菲勒基金会对分布于东南亚、南亚的 10 个城市提出包含灵活性、冗余性、学习能力、重组能力四方面的框架，以提高上述城市在气候变化中的适应能力；另外，日本京都大学全球环境研究院、日本大阪大学工学院、联合国国际减灾署分别构建了应对气候变化的韧性行动思路。联合国国际减灾署所提出的框架不仅对气候变化与灾害风险进行了评估诊断，并在诊断之后提出了较为详细的行动计划，受到国内学者的认同（李彤玥、牛品一等，2014）。

同时，基于能源系统的韧性城市研究框架，日本名古屋大学作了初步探索，提出分别对应预防、适应、转化的三大类行动措施（表 2.2）。

韧性城市研究框架汇总   表 2.2

研究出发点	研究框架
基于城市整体系统	美国洛克菲勒基金会韧性城市研究框架
	联合国大学环境与人类安全研究所的韧性城市研究框架
	日本北九州城市中心韧性城市框架
	日本法政大学韧性城市框架
基于预防灾害风险和气候变化	美国国际开发总署沿海社区韧性研究框架
	世界银行基于气候变化的韧性城市研究框架
	美国洛克菲勒基金会基于气候变化的韧性城市研究框架
	日本京都大学全球环境研究院基于气候变化的韧性城市研究框架
	日本大阪大学工学院基于风险的韧性城市框架
	联合国际减灾署降低灾害风险的韧性城市研究框架
基于能源系统	日本名古屋大学基于能源系统的韧性城市研究框架

注：数据来源：作者整理。

国外韧性城市框架研究在不同程度上提出了一些量化评测指标，在研究方法上采取定向研究与定量研究结合的方式进行，但定量化指标依然相对较少。在研究尺度方面，呈现出在微观上由城市整体层面向社区层面扩展的趋势，在宏观上由城市建成区层面向城市间区域层面扩展的趋势。研究地域从为数不多的发达国家向广大发展中国家拓展。

2）国内韧性城市的研究框架

近年来，针对国外韧性城市评估研究框架，国内学者也开展了一定的分析与解读：蔡建明、郭华等（2012）解读了国外韧性城市的研究进展，李彤玥、牛品一等（2014）详细阐述并横向对比了国外主要韧性城市研究框架，均对我国韧性城市研究带来借鉴与启示。

在此基础之上，我国学者也展开了对韧性城市评价体系的研究：刘江艳、曾忠平（2014）借鉴可持续城市的评价体系，综合考虑数据的现实意义、数据的可量化性、获得数据的便捷性，建立了包括目标层面、准则层面、指标层面的评价体系，对武汉市20年间的城市韧性作出量化评价。李彤玥、顾朝林（2014）提出城市韧性指数，并依据定量的结果对我国城市分类进行韧性诊断；依据城市所处的不同韧性情景，制定相应的行动计划来构建中国韧性城市。陈娜、向辉等（2016）以社会、经济、城市体系与服务、城市管治为架构，通过层次分析法构建韧性城市评价体系；该研究对指标的选择与体系的构建过程明确，思路清晰；但未展开实证研究分析，导致评测指标数据的获得便捷性考虑不够充分，可能会造成部分评测因子难以在实际中应用。孙阳、张落成等（2017）结合国内外韧性城市评价体系，采用 GIS 的空间叠加分析，对长三角 16 个地级市进行了城市韧性的对比研究。郑艳、翟建青等（2018）以暴雨作为致灾性因子，构建了评测城市绿色、灰色基础设施的城市韧性指数，以全国二百余个地级及以上等级的城市为评测对象，研究其韧性强弱。

在韧性城市评测方面，国内研究仅有为数不多的几份成果，部分研究主要集中于若干城市韧性水准的横向对比；部分研究提出了城市韧性评测指标体系，却尚未引入实证研究。

三、韧性城市的规划实践

在韧性城市规划方面，国内外的研究均呈现起步较晚、相关研究成果数量有限的情况。沃德科等（Wardekker J. A.、Jong A. et al.，2010）以威尔德夫斯基（Wildavsky A.，1988）提出的韧性系统的六个特征为基本原则——动态平衡（Homeostasis）、兼容性（Omnivory）、高效流动性（High flux）、扁平化（Flatness）、缓冲性（Buffering）、冗余性（Redundancy），在研究中对荷兰的韧性城市规划提出行动指南。其中代表性的行动指南内容包含：居民对潜在风险的了解与预防、从本地获取能源、适当缩短住宅的规划年限、基层用水管理、植被物种多样性、出入地区的多种交通形式等（黄晓军、黄馨，2015）。

另外，为联系韧性城市思想与实践探索，贾巴林（Jabareen Y.，2013）以创新的角度构建了规划框架。该框架主要包含四部分内容：脆弱性分析、城市管理、预防性政策、适应性导向规划。

着眼于国内研究，学者们普遍将"韧性城市规划"看作一种新的规划思路，认为其目标是构建具备"韧性"的城市（徐振强、王亚男等，2014；黄晓军、黄馨，2015；杨敏行、黄波等，2016）。该规划思路构成了当前国内韧性城市相关实践的指导思想。以下将从韧性城市规划思路、与相关规划思路的关系、韧性城市规划对当今城乡规划思路的发展、韧性城市思想下的国内空间规划实践探索 4 个方面，展开阐述。

1. 韧性城市规划思路

韧性城市作为一种规划思路，其特点是基于情景规划法的规划技术路线。徐振强、王亚男等（2014）总结其工作思路是：首先根据城市系统的外部环境来识别城市的主要发展动力，继而构建城市系统受到不同袭扰的情景，从而优化调整发展动力，提出城市系统应对不同袭扰的规划策略，提升城市整套基础设施应对外部冲击的能力（图2.5）。

进一步，黄晓军、黄馨（2015）对韧性城市思想面对偶发性灾害的规划过程进行了总结，依次为风险分类、扰动因素排序、情景预判、监控与反馈、规划策略的动态响应。其中强调，情景预判过程注重多学科、多领域的协同评判；监控与反馈过程应对每一种情景进行动态监控，尤其注重每种情景发生时所达到的指标阈值，形成下一过程的数据基础（图2.6）。

图2.5　韧性城市思想下的规划思路（图片来源：作者绘制）

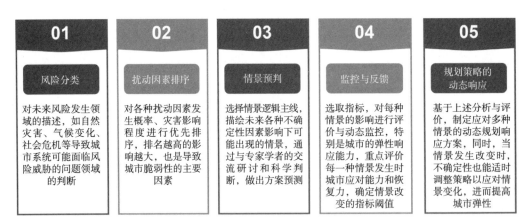

图2.6　韧性城市思想面对偶发性灾害的规划过程（图片来源：作者绘制）

杨敏行、黄波等（2016）经过对既有韧性城市规划思想的研究，总结其中的三点相通之处：第一，以明确城市系统可能受到的外部冲击与内部变化为基础；第二，改变传统规划以目标为导向的思路，转变为韧性规划以适应性为导向的思路；第三，空间规划与城市管理这两方面在韧性城市中同样受到重视。

2. 韧性城市规划思路与相关规划思路的关系

韧性城市作为一种新的规划思路，与当前广受关注的海绵城市、可持续发展城市的相关规划理念有一定的共通之处。更重要的是，相对于海绵城市的规划思想，韧性城市的工作领域更广；相对于可持续发展城市的规划思想，韧性城市更强调"动态"适应性。

1）海绵城市

海绵城市作为城市的一种雨洪管理系统，是指城市具有像"海绵"一样的功能，下雨时积存雨水，雨后再将积存的水缓慢"释放"出来并加以利用。海绵城市的核心技术方法是低影响开发（Low Impact Development，LID），其包含场地层面与城市层面的两种内涵。场地层面的低影响开发要求在地段开发和建设过程中应用多种措施，保持开发后场地在下雨时外排雨水量不超过场地开发前自然状态下的外排雨水量。城市层面的低影响开发，指低影响城市设计和开发（车伍、张鹍等，2015），在城市总体规划、控制性详细规划、修建性详细规划等各层面，融合低影响开发、小区域保护、综合流域管理、可持续建筑等多种规划设计理念，以尊重自然的形式实现城市对雨水的消纳、减速、利用。

2）可持续发展城市

可持续发展城市指在一定的社会经济背景条件下，基于环境承载力，在维持城市自身的生态系统水平不降低的前提下，能够为生活在其中的居民创造和供给可持续福利的城市。倡导可持续的经济活动、鼓励循环利用的再生资源、注重减贫和增加居民福利、控制城市人口、提倡民主化的社会制度（李彤玥、牛品一等，2014）。

3）概念对比

相比于海绵城市的概念，韧性城市可以包含更大范围内、更多类型的潜在灾难事件，着眼于增强系统应对多种不同灾害的能力，而不仅局限于雨洪管理单方面。在实践中，行业内常把韧性城市作为一种新的规划理念引领的新的规划方法，以增强城市系统的适应性为出发点，指导城市各级规划的编制、实施和优化；而通常把海绵城市作为城市规划的一类专项规划单独编制。可见，相比于海绵城市，韧性城市在规划实践中具有更强的指导性。

相比于可持续城市以环境承载力为基础，韧性城市强调较长时间维度下的长期发展的可持续目标。韧性城市以灾害预测为基础，注重灾害事件的灵活应对与快速恢复能力。相比于可持续城市，韧性城市以问题导向出发，对于多种特定风险能体现出更强的针对性；韧性城市重点着眼于城市系统的冗余性、多样性所提供的缓冲能力和多种风险的应对能力。韧性城市也更重视城市基础设施的建设强度和维护水准（图2.7）。

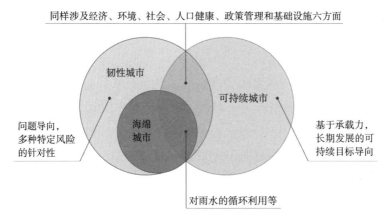

图 2.7　韧性城市相关概念关系（图片来源：作者绘制）

3. 韧性城市规划对当今城乡规划思路的发展影响

1）改变了城市系统看待袭扰与冲击的态度

韧性城市注重系统对袭扰与冲击的消化和吸收，而不是单纯的抵御，其中区别体现于系统看待袭扰与冲击的态度（冯璐，2015）。"抵御"强调将袭扰与冲击排除在城市系统之外而避免对自身产生影响，而"消化和吸收"强调在作用和反作用中使得城市系统适应袭扰与冲击，通过动态变化过程使城市系统重新进入一个新的平衡状态。韧性城市理论思想的前提是将袭扰与冲击纳入城市发展过程，做好时刻接受袭扰与冲击的挑战的准备。

2）打破以目标为导向的静态规划思维

现行各类规划的工作思路普遍以蓝图式的发展目标为依据，期待城市系统发展形成某种理想的、常态的平衡状态。传统规划追求以远期目标指导城市发展的规划实施进程，易忽略城市系统的动态变化。而韧性城市理论思想以动态的眼光看待城市系统，进而认为城市系统的相对平衡也是动态的。在此思想基础上，韧性城市以主动的态度迎接变化，强调城市系统的学习与适应能力，在变化与扰动中不断修正自身发展策略。

3）引导规划工作者重新考虑城市组团的彼此关系

当前大部分规划多以制定功能分区的方式来明确地段主要职能和空间形态，难免造成职住不平衡、产业类型单一等问题。韧性城市理论思想强调城市系统功能的多样混合与区域之间的彼此联系。功能的多样混合强调在明确地段主导职能的情况下，适当发展更多样化的辅助或配套功能，发挥地段特色的同时增加地段的综合竞争力，从而保障地段在袭扰与冲击中不至于全盘失灵。区域间的彼此联系强调多种方式的对外信息流、交通流的便捷传输，使地段与周边区域形成紧密的联系。

4. 韧性城市思想下的国内空间规划实践探索

在韧性城市思想的指导下，国内部分研究者展开了本土化空间实践的探索：冯璐（2015）基于对韧性城市理论的研究，将其理念用于风暴潮适应性景观基础设施的实践性应用；陶旭（2017）从洪涝适应性景观的斑块、廊道、基质构建角度，阐述各种城市功能分区对应各种景观策略，最终对武汉市进行实证分析；刘伟毅（2016）将滨水地带划分为缓冲区、建设区、廊道，分别提出生态保护、城市双修、空间联系等指导性策略。

另外，廖桂贤、林贺佳等（2015）反对一味利用堤坝的形式来阻蓄洪涝灾害，而提出"城市韧性承洪"理论，允许城市部分被洪涝影响，提出"可浸区百分比"的指标，用来体现城市的韧性程度。

总体而言，国内韧性城市思想下现学界对城乡规划具体实践研究有限；在韧性城市理论实践的研究中，对土地利用优化策略、基础设施建设策略、景观设计策略均有所涉及，但对较为完整的城乡空间规划策略研究鲜有涉及；在研究技术手段上，基于GIS的空间分析手段已经开始引入，在可视化分析上有所拓展。但在规划实践的探索中，韧性规划范式仍不明确、韧性规划的行动方式研究仍然欠缺（李彤玥，2017）。

四、韧性城市思想下的滩区空间发展分类

1. 基于城市系统四种压力源的滩区扰动类型

李彤玥（2017）通过对文献的梳理与总结，指出城市作为复杂系统，造成其"扰动"的"压力源"来自四方面：自然生态、工程技术、经济生产、人类社会（Desouza K. C.、Flanery T. H.，2013）。自然生态压力源指洪水、飓风等自然气候变化引发的来自城市外部的灾害；工程技术压力源指以基础设施为代表的城市工程技术系统故障以及衍生影响；经济生产压力源指城市经济的波动、人口的失业、贫穷加剧等经济受到冲击的方面；人类社会压力源指社会治理问题，如犯罪或骚乱等（李彤玥，2017）。通过对这四种压力源的梳理，形成了对人类社会生态系统面临的扰动因素的类型划分。

纵观黄河滩区的相关研究，其中部分研究者对当前滩区面临的主要扰动因素做了一定的分析。赵根生（2005）总结当前黄河滩区具有生产条件欠佳、群众生活贫困、地区人口素质较低、社会治安较差、劳务输出数量多的特征，并伴随着防洪避险工程建设标准低、用于撤退的基础工程损毁失修、救生器材缺乏的问题，反映出滩区存在经济生产、人类社会、工程技术方面的扰动因素。张鹏岩等（张鹏岩、秦明周等，

2008）、王争艳等（王争艳、黄倩等，2011）总结当前黄河滩区洪泛威胁尚存、水土易流失不利滩区农业生产、农业生产技术和条件落后且地区经济产业结构单一，反映出滩区存在自然生态、经济生产方面的扰动因素。秦明周等（秦明周、张鹏岩等，2010）利用 GIS 统计开封市滩区土地资源，总结部分村庄受淹可能性大、滩区基础设施老旧、耕作条件欠佳、居住环境恶劣，反映出滩区存在自然生态、工程技术、经济生产、人类社会方面的扰动因素。姜英（2012）对焦作市黄河滩区进行分析，认为地区自身具有的区位、资源、环境、市场、文化的优势尚未得到充分利用，同时存在土壤沙化、自然灾害威胁、防灾设施不充分、土地利用不合理的问题，反映出存在自然生态、工程技术、经济生产方面的扰动因素，进一步反映出滩区对自身资源、外部市场、文化基础等方面优势利用不充分。贾晓琳等（贾晓琳、李圣化，2015）总结，当前黄河滩区面临洪水频发的自然生态扰动、发展受到制约的经济生产扰动。张金良（2017）认为当前黄河滩区面临地形条件威胁堤防、基础安全工程建设滞后、经济发展迟缓、社会矛盾显现的情况，反映出滩区存在自然生态、工程技术、经济生产、人类社会方面的扰动因素。

综合而言，研究者普遍认同黄河滩区受到洪泛威胁、自然环境退化带来的自然生态方面的扰动，以及随之而来的产业基础薄弱、类型单一的经济生产方面的扰动；同时，一定数量的研究关注到，黄河滩区存在社区活力下降、社区凝聚力下降的人类社会方面的扰动，以及防灾基础设施薄弱的工程技术方面的扰动。并且有观点提出黄河滩区的某些地段对自身的文化基础等资源利用不充分，也可能带来地区文化方面的萧条（图 2.8）。

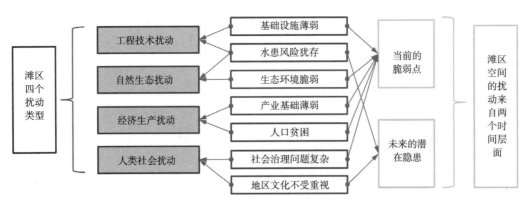

图 2.8 黄河滩区扰动类型与来源（图片来源：作者绘制）

依据以上文献所述的滩区扰动方面，本书认为滩区空间受到的"扰动"来自两个时间层面：未来的潜在隐患、当前的脆弱点；体现在自然生态、工程技术、经济生产、人类社会四个方面。

2. 基于城市韧性内涵的四种滩区空间职能类型

城市韧性具有的城市生态韧性、城市工程韧性、城市经济韧性、城市社会韧性的四种内涵，在城市系统的不同方面展开学科交叉研究。以上四种内涵分别对城市系统在该方面的城市管理决策、物质空间规划等方面提出了一定的引导方向，以提高城市系统在该方面的韧性。而以上韧性城市的内涵在城市市域空间范畴内，则分别对应其主导的城市职能空间。

为提高空间系统应对不同类型的"扰动"的针对性，值得结合城市韧性内涵与滩区扰动类型，对滩区空间职能类型进行划分。来自不同方面的扰动和冲击会对各类空间带来不同程度的影响，为整个空间系统带来震动。将各类潜在风险与其主要影响的空间进行匹配，发现主要矛盾，在相应空间类型内采取有效的规划干预手段，促进该类空间加强对潜在风险的应对能力，则更易于形成目标明确、任务清晰的分析评价行动体系。

一般视角下的城乡空间，普遍被划分为环境生态空间、经济生产空间、社会生活空间。"三生"空间的分类方式已经相当成熟，其空间职能类型划分均与自身系统内部发展需求相契合。但对于在韧性城市视角下讨论空间职能而言，在保持空间分类与自身内部发展需求相契合的基础上，更应关注在系统外部不同方面的扰动和冲击下能够主动调整控制和适应变化的能力；这就要求韧性城市视角下的空间职能分类要与城市韧性的内涵、外部扰动相匹配。

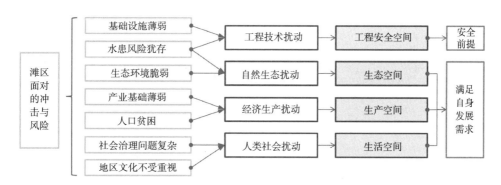

图 2.9　滩区韧性空间类型关系（图片来源：作者绘制）

对于滩区而言，其面临的扰动与冲击来源于多方面：自然生态方面水患风险犹存、生态环境脆弱，工程技术方面基础设施薄弱，经济生产方面产业基础薄弱、人口贫困，人类社会方面社区涣散、文化萧条。依据滩区发展需求与扰动类型，将滩区空间类型归纳为与城市韧性内涵相对应的生态空间、生产空间、生活空间、工程安全空间（图2.9）。前三者既契合滩区的发展需求，同时又对应潜在风险；工程安全空间则基于滩区特殊的地理空间条件，应对滩区的水患风险与基础设施薄弱的双面威胁，作为滩区发展的安全前提，是一类不容忽视的空间类型。

生态空间是本身具备生态防护功能、发挥保持区域生态环境持续健康的作用、能供给生态产品、提供生态服务的地域空间（金贵，2014；蔡云楠、肖荣波等，2014；扈万泰、王力国等，2016）。生态空间往往对应区域地理空间层面，相较于其他三种空间类型，是在宏观的研究尺度下展开讨论的。对于黄河滩区及其周边地区而言，生态空间是指由水域、湿地、林地、农地等面状空间以及堤坝绿带、田间林网、河流水系等线性空间共同编织形成的场地本底（图2.10）。

生产空间是人类长期在某区域范围内从事经济生产活动进而形成的特定功能区（金贵，2014；蔡云楠、肖荣波等，2014；扈万泰、王力国等，2016）。生产空间往往对应行政辖区范围内连片发展的功能片区，相较于其他三种空间类型，是在中观的研究尺度下展开讨论的。本书中，生产空间包含发挥第一产业职能、第二产业职能的地段，以及有机会承接旅游、休闲等第三产业的自然地段（图2.11）。

图2.10 滩区典型生态空间

生活空间是服务于人类日常生活的空间范畴，为人们的正常生活提供必要的物质空间条件（金贵，2014；蔡云楠、肖荣波等，2014；扈万泰、王力国等，2016）。在黄河滩区的研究范畴内，生活空间往往对应居民点（图 2.12），是与人类活动最为密切相关的一种空间类型，相较于其他三种空间类型，是在微观的研究尺度下对点状空间展开讨论的。

工程安全空间是为以上三类空间提供安全保障的空间类型，在本书中主要用于应对黄河水患，往往以线性形态的堤坝或撤退道路的形式穿插于以上各类空间之中（图 2.13）。

图 2.11　滩区典型生产空间

图 2.12　滩区典型传统生活空间

图 2.13　滩区典型工程安全空间

　　学者们普遍认同"多样性"是"城市韧性"的一类典型表征，因而韧性城市视角下的滩区空间虽然在主要职能范畴上各有侧重，但其具体的物质空间范围可能出现交叉和重叠。换言之，黄河滩区内某一个物理空间范畴，可能具备不止一种空间职能类型。例如农田主要承担着生产空间的职能，但也不妨碍农田同时承担生态空间的职能，再如居民点主要承担生活空间的职能，但同时也有机会发展旅游参观而承担一定的生产职能。不难看出，同一物理空间既然可兼任多重空间的职能类型，那么说明某一物理空间的职能类型是可以在适应外界变化的过程中相互转化的，同时空间也可在发展中创造新的职能类型而使自身更具韧性。

第3章　滩区发展分析与评价

在韧性城市规划思路下，结合滩区职能空间分类、扰动分类，本章首先针对地段韧性的分析评价方式进行探讨，并对具体研究地段范围进行界定。

本章将在韧性视角下，基于田野调查与资料梳理，从工程安全空间、生态空间、生产空间、生活空间4类滩区空间，分析评价各类空间自身优势利用情况与面对潜在冲击的应对能力，判断新乡市沿黄河研究地段韧性不足的方面与具体表现形式，并进一步探究各因素之间的内在关系与主要发展矛盾。

一、基于韧性城市规划思路的空间分析评价方式

韧性城市思想引导的城市规划思路以"脆弱性分析、政府管制、预防性政策、适应性导向规划"为典型的工作框架（李彤玥，2017）。从行动顺序上考察以上四者的关系，其中脆弱性分析是前提与依据，而后三者在一定程度上可同步开展（图3.1）。

从工作针对的对象考察，其中脆弱性分析、适应性导向规划与空间分析手段和干预方式密切相关，而政府管制、预防性政策则与政策方针的制定和实施密切相关。因此，针对黄河滩区空间韧性的分析评价优化行动，将以脆弱性分析、适应性导向规划为主要工作内容。

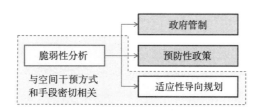

图 3.1　韧性城市思想引导典型的工作框架（图片来源：作者绘制）

韧性城市规划思想下，脆弱性分析作为适应性导向规划的基础，具体内容包括两方面：一是识别研究地段中相对易受扰动影响的人群和社区；二是分析研究地段未来可

能面临的扰动情景，预测潜在冲击与袭扰的强度、类型、影响范围等特征，并从地段空间分布上以可视化的方式反映以上信息。

结合实际情况可知，黄河滩区是一类本质上具有极大洪泛可能性的城乡空间，与堤外人群和社区相比，黄河滩区地段的特殊性决定了其中的人群和社区均是相对脆弱的，极易受外部扰动的影响。与此同时，应对研究地段面临的扰动情景加以具体分析和预测，并从地段空间分布上以可视化的方式反映以上信息。

在地段扰动情景的分析预测方面，从第3章内容可知，黄河滩区扰动一方面来自未来的隐患，另一方面来自当前的脆弱点。从姜英（2012）的研究中可以总结：黄河滩区的脆弱点一方面是建设与发展的薄弱，而另一方面则反映出是对现有优势资源认知和利用的不充分。因此，在针对黄河滩区的韧性分析评价时，一方面，宜考察优势资源是否得到充分认知与积极利用；另一方面，宜考察地段现存隐患对未来的影响。

综上所述，针对黄河滩区的韧性分析中，将形成以下分析评价思路：在已经识别滩区人群和社区作为区域内相对脆弱的群体前提下，首先将基于滩区职能空间分类，排查对应压力源的扰动因素；其次，预测各压力源下扰动因素的未来情景，并在空间上，对其影响的强度、影响范围进行可视化表达；继而，以滩区空间韧性发展理念为依据，评判当前研究地段的韧性；最后，发掘特定职能空间韧性不足的表征与具体表现形式，并探讨其内在规律（图3.2）。期待以上针对滩区职能空间分类、扰动分类的地段韧性分析评价结果，为滩区空间韧性优化策略的构建提供基础条件。

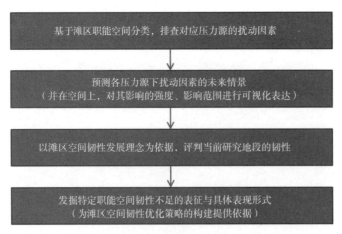

图3.2 黄河滩区韧性分析评价思路（图片来源：作者绘制）

在地段韧性分析评价的基础上，针对滩区情况，则应从大尺度的区域空间布局、小尺度地段空间优化引导的多尺度空间干预手段开展适应性导向规划，以调节灾害频发地区的发展，营造可持续的空间形态。

二、基于韧性城市思想的新乡市黄河滩区的研究地段划定

1. 研究地段空间范围

　　新乡市黄河滩区地处黄河下游上端北岸，研究范围西部南临省会郑州，是郑新融合发展的重要节点；研究范围中部与历史名城开封隔河相望；研究范围东部处于黄河"大转弯"地带，东抵山东菏泽，是豫鲁联系的门户（图 3.3）。

　　考虑到韧性城市思想关注研究对象所处环境的外部冲击，研究对象与周边环境的关系不可忽视。因而，本书在设定研究地段的空间范围时，以新乡市黄河滩区为核心，向主河槽方向扩展至主槽中线位置，并向黄河大堤外围拓展一定宽度形成研究范围（图 3.4）。基于新乡市一侧滩区最大宽度 14.6km、平均宽度 6.6km（附录 B）的情况，研究范围向大堤外围扩展平均宽度的 15%（约 1km），结合行政区划、地物特征形成研究范围（图 3.5）。

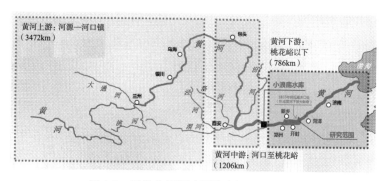

图 3.3　区位分析图（图片来源：项目组）

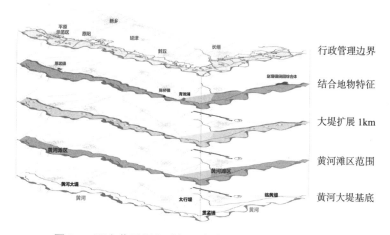

图 3.4　研究范围划定过程示意（图片来源：作者绘制）

2. 研究地段基本情况

1）新乡市黄河滩区人口分布

新乡市黄河滩区地处黄河下游上端，沿黄河呈带状分布于黄河左岸主河槽与河堤之间。新乡市黄河滩区横跨平原示范区、原阳县、封丘县和长垣县"三县一区"的沿黄地带，长约153km，总面积约1006km²，涉及"三县一区"的17个乡镇（办事处）、394个村庄，居住人口54.27万人。

另有分布于封丘县内的倒灌区，是由临黄堤、太行堤、红旗总干渠共同围合形成的近似三角形区域，面积约407km²，因地形低洼形成天然滞洪区。在研究范围内倒灌区占地约66km²，涉及封丘县的4个乡镇，37个村庄，居住人口3.55万人。

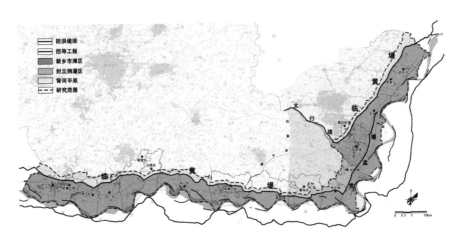

图3.5　新乡市黄河滩区范围（图片来源：作者绘制）

2）堤坝

当前，黄河下游依据历年统计确定各河段的设防流量（其中郑州花园口水文观测站的最高设防流量为22000m³/s），并以该流量为基础确定该河段的堤防高度。随着2001年年底黄河小浪底水库投入运营以及下游各河段标准化堤防设施的建设（图3.6、图3.7），目前新乡市所辖河段的防洪标准已达1/1000的水平（黄波、马广州等，2013）。

3）控导工程

黄河下游主河槽两侧建有多处控导工程，以连续的丁坝形式矗立在主河槽凹岸一侧，控制黄河主流摆动方向、引导主槽河水顺势下泄（郭涛，2013）。

新乡市黄河滩区内共建有控导工程15处，可防御当地5000m³/s流量的洪水，起到控制主槽"滚河"河势的重要作用，同时在非汛期形成了黄河沿线欣赏大河风光的制高点（图3.8）。

图 3.6　堤坝——长垣县境内贯孟堤北端

图 3.7　堤坝——长垣县天然文岩渠和太行堤

图 3.8　禅房控导工程第 39 道丁坝

3. 研究地段资源概况

　　研究地段内延黄河主流分布着大量生态景观资源，构成了优越的生态本底条件；同时现存大量展现中原黄河文化的历史文化遗迹，反映出丰厚的历史文化底蕴；两者共同构成研究地段的生态与文化资源禀赋（图 3.9 至图 3.28）。

图 3.9　青龙湖湿地实景照片一（图片来源：作者拍摄）

图 3.10　青龙湖湿地实景照片二（图片来源：作者拍摄）

图 3.11 蒋庄乡洋槐林的生态休闲空间实景照片一（图片来源：作者拍摄）

图 3.12 蒋庄乡洋槐林的生态休闲空间实景照片二（图片来源：作者拍摄）

图 3.13 蒋庄乡洋槐林的生态体验活动实景照片（图片来源：作者拍摄）

图 3.14 赵堤镇清风荷塘实景照片一（图片来源：作者拍摄）

图 3.15 赵堤镇清风荷塘实景照片二（图片来源：作者拍摄）

图 3.16 黄河浮桥实景照片——马寨黄河浮桥（图片来源：作者拍摄）

图 3.17　黄河浮桥实景照片——大流寺黄河浮桥（图片来源：作者拍摄）

图 3.18　赵堤镇大浪口传统村落实景照片一
（图片来源：作者拍摄）

图 3.19　赵堤镇大浪口传统村落实景照片二
（图片来源：作者拍摄）

图 3.20　赵堤镇大浪口传统村落实景照片三（图片来源：作者拍摄）

图 3.21　赵堤镇大浪口传统村落实景照片四（图片来源：作者拍摄）

图 3.22　赵堤镇大浪口传统村落实景照片五（图片来源：作者拍摄）

图 3.23　苗寨乡旧城村三皇庙实景照片一（图片来源：作者拍摄）

图 3.24　苗寨乡旧城村三皇庙实景照片二（图片来源：作者拍摄）

图 3.25　魏庄街道侯寨碧霞宫实景照片（图片来源：作者拍摄）

图 3.26　恼里镇蔡寨泰山行宫
实景照片（图片来源：作者拍摄）

图 3.27　大流寺实景照片
（图片来源：作者拍摄）

图 3.28　铜瓦厢决口纪念碑实景照片（图片来源：作者拍摄）

　　研究范围内众多生态与文化资源与黄河密切相关，彰显着浓厚的地域特色。毕竟，长垣县黄河河段系 1855 年铜瓦厢堤坝决口使黄河改道而形成，青龙湖湿地则也拜黄河历史积水所赐，蒋庄乡槐林是为治理河滩土壤沙化而植，众多自然资源的形成和利用都与黄河有着密不可分的联系。而在文化资源方面，黄河浮桥因地制宜在河流狭窄处铺设，大流寺寄托着人们祈求黄河水势平稳的愿望，传统村落与众多庙宇古刹也彰显出研究地段的悠久历史。

如何更好地延续地方生态、文化特色，谋求黄河水患的平稳可控、探索滩区三生空间的韧性发展，成为当前一大命题。

三、工程安全空间取得的进展与尚存的冲击

城市韧性的鲁棒性表征显示，城乡空间在外部冲击发生过程中，应具体评估地段建成环境抗物理破坏能力，并应掌握当前系统的强度（黄晓军、黄馨，2015），明确地段脆弱点与抗冲击极限，从而依据潜在冲击的强度做相应的硬件准备。因而，研究地段当前面对的冲击类型、目前可抵御冲击的程度值得具体评估。

本节将从新乡市黄河滩区工程安全空间在现阶段取得的进展入手，评估当前研究地段可承受冲击的程度；并进一步挖掘该地段存在的隐患。

1. 当前防洪工作已取得一定进展

在黄河下游每年适时调水与抽沙的双重作用下，河槽行洪能力不断提升（贾晓琳、李圣化，2015），2001年至今尚未出现漫滩现象。据齐璞、曲少军等（2012）研究，小浪底水库投入使用的十几年来，持续发挥着调水冲沙的作用；研究地段内"夹河滩"黄河河道断面的平滩流量从3300m³/s提升至6000m³/s，"高村"黄河河道断面的平滩流量从2500m³/s提升至5300m³/s。

截至2018年，地方政府工作者指出，新乡市黄河主槽河床（与小浪底水利工程运行前相比）下降了2.7m，滩区工程安全工作初见成效。

当前新乡市段主要采用"调水输沙""抽沙淤背"的方式，分别从流域层面与地方层面改善黄河主槽淤积情况。

冲刷河槽调水调沙，相当于沿黄河流向转移积沙，利用河水的裹挟冲击作用实现"输沙入海"。通过水库有控制地放水，形成携沙少、流速快的水流，逐渐带走河槽淤沙，加深河槽深度、增大河槽容量；随着河槽深度与水量的增加，河水流速可进一步增快，促进河水积沙入海的过程（图3.29）。

抽沙淤背，相当于垂直于黄河流向转移积沙，将河槽积沙抽调至堤坝的背水面，用于加固防水工事。抽沙淤背的过程，一方面减少河槽积沙，缓解二级悬河的险情；另一方面，加宽堤坝，可增强堤坝的抗冲击力，提高堤坝的坚固性（图3.30至图3.32）。

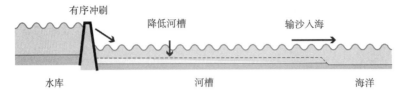

图 3.29 黄河下游调水输沙示意图（图片来源：作者绘制）

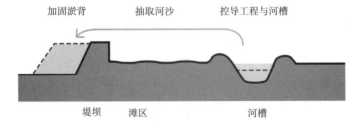

图 3.30 黄河下游抽沙淤背示意图（图片来源：作者绘制）

图 3.31 "十三五规划"期间淤背施工现场（图片来源：作者拍摄）

图 3.32 输沙管道（图片来源：作者拍摄）

040

当前黄河河道相对稳定，统计 2000～2017 年郑州花园口水文观测站的年径流量可知，小浪底水库运行后，花园口水文站在 2003 年、2012 年、2013 年先后达到较大汛期水量，近 5 年来花园口汛期水量持续下降（图 3.33）。

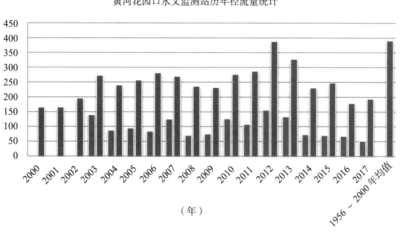

注：数据来源：水利部黄河水利委员会历年《黄河水资源公报》

图 3.33　黄河花园口水文监测站历年径流量统计（图片来源：作者绘制）

《新乡市 2017 年黄河防洪预案》指出：新乡市于滩区村落临水面先后修建的护村堤，可防御 6000m³/s 流量级以下洪水；小浪底水库在防控 10000m³/s 流量级以上洪水中发挥主要作用；可见，未来一段时期，新乡市黄河滩区将主要面临 6000～10000m³/s 流量级洪水的威胁。

新乡市黄河滩区各典型流量下的水位值　　　　　　　　　　　　　　表 3.1

控制站名	大沽减黄海差值（m）	花园口站为下列流量时各控制站水位（m·大沽）			
		4000m³/s	6000m³/s	8000m³/s	10000m³/s
花园口	1.188	92.35	93.42	94.02	94.30
赵口	1.188	87.25	88.27	88.92	89.26
柳园口	1.195	79.91	80.86	81.57	82.01
夹河滩	1.21	75.38	76.37	77.04	77.55
石头庄	1.221	67.32	68.06	68.52	68.84
青庄	1.237	62.54	63.69	64.34	64.75
高村	1.262	61.77	62.9	63.58	63.96

注：数据来源：新乡市黄河河务局《2017 年河南黄河河道排洪能力计算成果表》。

研究基于新乡市黄河河务局2017年河南黄河河道排洪能力计算成果（表3.1），在花园口水文站各等级流量下，利用2018年Google Earth提供的共享地形数据绘制研究范围内6000～10000m³/s流量级的河槽边界或水位范围。

参考秦明周、张鹏岩等（2010）施行的流量等级划分标准，即花园口水文站流量为4000m³/s、6000m³/s、8000m³/s、10000m³/s，绘制黄河干流河南省郑州市花园口水文站至山东省菏泽市东明县高村水文站之间范围的预测水位线。

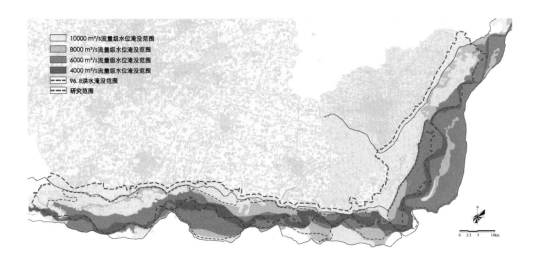

图3.34 新乡市"96.8水位线"与当前典型流量等级水位淹没范围对比（图片来源：作者绘制）

相比于1996年8月5日花园口站7600m³/s流量的洪峰在新乡市黄河滩区波及的淹没范围（以下简称为"96.8水位线"），当前黄河主槽的行洪能力得到大幅提升。叠合"96.8水位线"与当前新乡市黄河滩区地形淹水范围可见：当年7600m³/s流量的"96.8水位线"，在当前已基本达到防御10000m³/s流量的程度。相较于"96.8"洪水事件期间，黄河主槽的行洪能力有所提高（图3.34）。

此外，在防洪避险与扶贫攻坚双重背景下，整体一次性迁至滩外的扶贫安置也是有效提升工程安全的途径。作为河南省黄河滩区扶贫迁建试点首批3个乡镇（封丘县李庄镇、兰考县谷营乡、范县陈庄乡）（郝科伟，2015）之一，李庄新城是新乡滩区唯一整体搬迁与社区建设同步开展的新型农村社区。

李庄镇原位于滩区中段柳园口－夹河滩，地形狭长、地势低洼、土壤潮土伴生风沙土，滩区宽度在150～650m之间，高程较周边低1.5～4.5m，8000m³/s以上流量洪水将使该段漫滩。当前控导工程一线可防御花园口5000m³/s流量级洪水；黄河主堤可防御花园口22000m³/s流量级洪水。伴随着三批18个村逐步迁至黄河主堤以北，已有100多栋楼房拔地而起，居民点防洪安全得到基本保障。

总结而言，近年来流经新乡市黄河滩区的黄河水量在小浪底水库的调控下相对稳定；同步开展的调水调沙工作，使新乡市黄河主槽的行洪能力得到显著提升。少数滩区居民点整体一次性外迁也相对提升了工程安全。这为新乡市黄河滩区的城乡发展提供了相对稳定可控的黄河水情，为研究范围的发展带来可能性，进一步明确了本文针对研究范围展开韧性分析评价的意义。

2. 滩区工程安全空间冲击应对能力分析评价

新乡市滩区所处地段的水患虽然逐步可控，但风险并未完全消除。面对这样的局面，在工程安全空间的范畴内，韧性城市视角下坚固高效的理念，一方面关注水患防御设施的坚固性，另一方面关注紧急情况下物资调运与人员撤离的高效性。以下将从水患威胁、交通设施两方面，对新乡市黄河滩区工程韧性不足的因素展开分析。

1）对黄河水患的防御尚存脆弱点

防洪固堤工作是黄河下游沿线城市的常年工作，在黄河小浪底水利工程建立之后，通过近 20 年来流域水沙调控与局地抽沙固堤的双重作用，新乡市黄河滩区的洪水威胁有所缓解，但新乡市黄河主槽沿线依然存在水患脆弱点，形成现阶段新乡市黄河滩区的防洪短板。

（1）水患仍存威胁

①"二级悬河"的地形特征在短期内无法改变。新乡市南部属于黄河流域冲积平原的一部分，地势平坦低洼。研究范围内依场地高程分为三部分，由河流向外依次是黄河河槽、黄河滩区、黄河冲积平原区，各部分地形整体较为平缓。黄河滩区与黄河冲积平原区由防汛堤坝分隔，堤内滩区地势高于堤外平原地势，形成地上悬河。为控制河槽走势，先后在滩内建设控导工程、生产防护堤；然而这一做法也使得黄河泥沙淤积空间收窄、淤积速度加快，滩区地势逐年增高，进一步形成"二级悬河"（图 3.35）。

在一段时期内，黄河中游建设的干流水库将通过节流、冲刷等方式继续发挥对下游河槽及滩区的防洪减淤功能。但是黄河中游地区具有水土易流失的特性，使其水土保持工作本身的艰巨性并未减弱，这决定了黄河下游河槽在漫长的时间进程中很难逆转淤积抬高趋势（黄波、马广州等，2013）。二级悬河的特殊地形形成已久，短时间内无法快速、彻底冲荡下切，因此该地形特征仍将延续。

②中小型洪水历时长。在黄河中上游发生大型洪水时，小浪底水库通过拉长下泄时间、减弱洪峰流量的方式，发挥调控与冲淤作用，使得下游中小洪水历时加长。另外，为避免过量河沙淤积占用库容，入库形成 4000 ~ 8000m³/s 的高含沙洪水时，小浪底水库将按"进出库水量平衡"方式管理实时库容；未来，在小浪底水库拦沙运用后期，新乡市黄河河段发生 4000m³/s 流量级以上中常洪水的频次将增加（新乡市人民政府，2012）。

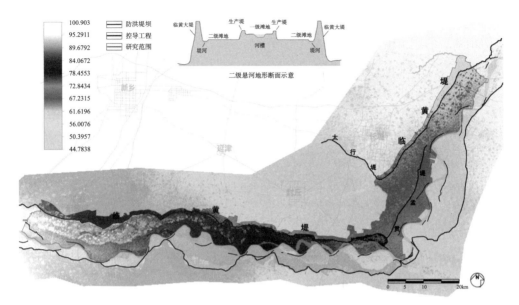

图 3.35 研究范围地形分析图（图片来源：作者绘制）

③洪流游荡性依然很强。流经新乡市的黄河河段总体呈"L"形，全线位于黄河下游游荡性显著的"滚河"河段。河道在封丘县李庄镇铜瓦厢以上是明清故道，已形成 500 余年，该河段纵比降 2.03‰，主河槽游荡性极强。李庄镇铜瓦厢以下河段形成于 1855 年黄河决口事件之后，自此黄河转折向东北、流入渤海；该段滩区形成时间较晚，淤积程度相比明清河道稍好，但纵比降仅 1.7‰，主河槽游荡性更强。

④洪水预见期短。据新乡市政府相关部门提供数据，当前滩区洪峰传播时间，小浪底至花园口洪峰流量传播时间一般为 10 ~ 20 小时。而面对紧急情况时，上下两处观测点之间的洪峰传播时间仅 1 小时左右（见附录 A），一旦遇到花园口流量 10000m³/s 以上洪水的紧急情况，能否在一小时内撤离滩区直接决定着滩区群众的生命安全。

（2）滩区仍存隐患点

从历史上水患威胁来看，原阳县越石段、封丘县辛店段、曹岗段是新乡市黄河主堤三大洪水威胁显著区段，历史上这三区段险情屡发，并先后建成越石险工、辛店险工、曹岗险工加以防范。

当前越石险工、辛店险工外围分别建成了毛庵控导工程、大宫控导工程，对洪水冲击形成一定缓冲（图 3.36）。然而曹岗险工与黄河主河槽之间无控导工程的防护，常年偎水，洪水来袭时曹岗险工将正面承受水流冲击；并且曹岗险工所在位置的黄河大堤内外高差达 10m，近乎两倍于辛店险工的大堤内外高差。从堤内外高差与险工临水一侧的控导工程防护程度来看，曹岗险工的险要程度与面临洪水时的严峻程度不言而喻。

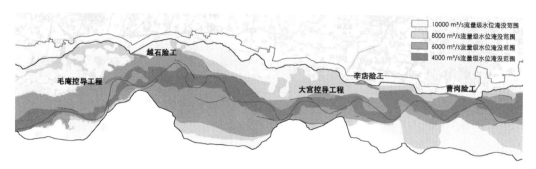

图 3.36　新乡市沿黄险工位置分布图（图片来源：作者绘制）

新乡市黄河滩区各等级流量下重点防范堤段　　　　　表 3.2

花园口站洪水流量等级	新乡市黄河滩区重点防范地段
4000m³/s 以下	各区县位于主河槽转弯凹岸的河道工程；原阳县陡门乡的护村工程
4000 ~ 6000m³/s 流量级洪水	各区县的控导及护滩工程；原阳县陡门乡的护村工程
6000 ~ 8000m³/s 流量级洪水	堤防偎水段、曹岗险工及涵闸、虹吸等穿堤建筑物；原阳双井串沟
8000 ~ 10000m³/s 流量级洪水	堤防各险工及涵闸、虹吸等穿堤建筑物；原阳县陡门乡祥符朱口门、毕张口门及赵张庄渗水段；封丘荆隆宫乡、陈桥镇、曹岗乡的主堤堤段

注：数据来源：《新乡市 2017 年黄河防洪预案》。

另据新乡市政府相关部门提供的资料，对当前新乡市黄河滩区面临各流量等级洪水的重点防范地段加以梳理，如表 3.2 所示，险点主要集中于涵闸、虹吸等穿堤构筑物，以及部分已知的渗水、常年偎水堤段。

不难发现，在滩区常年经受洪水考验的情况下，地方管理者在防洪工程设施的坚固性评估方面已经积累相当丰富的经验，具备了一定程度的韧性。但出于安全目的，新乡市黄河滩区应进一步加强以上水患重点威胁地段的防洪工事加固工作，增强防洪工事的鲁棒性。

2）撤退交通设施捉襟见肘

新乡段黄河主槽水浅沙多，无法开展水路航运；铁路与高速、国道、部分省道上跨通过；因此低等级公路成为滩区主要交通类型（图 3.37，图 3.38，附录 C）。总体而言，由于缺乏区域协调、经济基础薄弱等原因，研究范围内存在区域连通性不足、等级偏低、道路密度不足的问题，为滩区群众在洪泛情况下的紧急撤离埋下隐患。

①当前滩区道路条件下的出滩时间紧迫

黄河洪水预见期短，面对紧急情况时，上下两处观测点之间的洪峰传播时间仅 1 小时左右（附录 A）。另以撤离设备有限的严峻情况考虑，若撤离设备需要折返两程参与撤离任务，则单程撤离时间宜控制在 15 分钟之内。

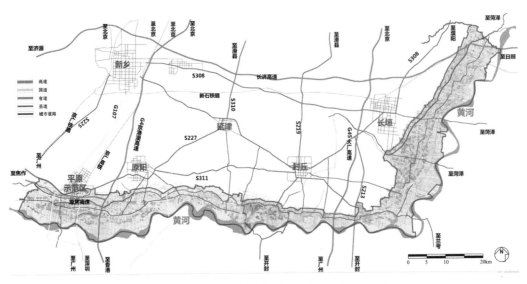

图 3.37　现状交通分析图（图片来源：作者绘制）

图 3.38　滩区典型道路断面（省道、乡道、堤顶路）

新乡市黄河滩区各等级道路平均速度预设　　　　　　　　　　　　表 3.3

道路等级	预设速度（km/h）	预设速度换算（m/min）
省道	60	1000
县道	50	833
乡道	40	667
村道	20	333

注：数据来源：作者整理。

　　下面将以 15 分钟作为新乡市黄河滩区紧急撤离时限，考察当前新乡市黄河滩区道路条件。在 ArcGIS 软件中构建网络分析模型；依据表 3.3 内预设的各等级道路的平均速度计算各路段通行耗时。在以上模型中，视黄河大堤以外为安全区域，以出入滩区道路与黄河大堤堤顶路的若干交叉口为安全点。通过 ArcGIS 软件的网络分析功能进行服务区分析，将以上道路交叉点作为"服务设施"，分别计算"朝向设施点"方向的"5 分钟、10 分钟、15 分钟"通行时间内的有效覆盖范围，以显示当前道路条件下的撤退耗时（图 3.39）。

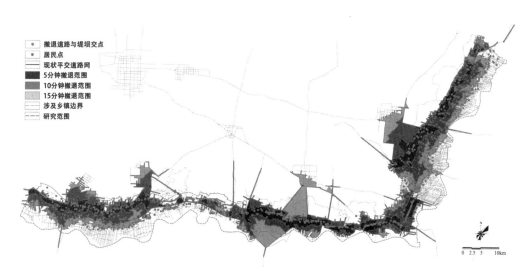

图 3.39　滩区现状道路体系 5 分钟、10 分钟、15 分钟撤离时间的覆盖范围（图片来源：作者绘制）

　　以上分析显示，现状滩区道路条件下，共有 58 处村庄无法实现 15 分钟内安全撤离滩区，占新乡市黄河滩区村庄总数的 13.68%，主要分布如图所示。造成以上地段出滩耗时长的原因，一方面是地段本身距离黄河大堤较远，空间距离较长；而更重要的一方面是缺乏畅通的道路与之接驳、道路等级偏低、密度不足，使得安全撤退时间变长。

　　②道路密度不足、等级低

　　途经滩区的高速、国道、大部分省道都以高架桥的形式上跨滩区，对滩区交通条件的改善并无帮助；仅有 2 条省道、8 条县道、少数乡道承担起当前滩区交通干线的职能（附录 C），当前在 153km 的滩区内出入滩区主路仅 10 条，道路平均间距 15.3km。干道路网密度的不足，使得低等级、线型曲折、路幅狭窄的乡村道路被迫承担起出入滩区的职能，加重了乡村道路的负荷、加快了乡村道路的破损。

　　从典型道路现状断面分析中可见，滩区道路普遍采用一块板的断面形式，宽度 15 米以下，最多设置双车道，道路通行能力有限（表 3.4）。紧急撤离时，数量有限、等级偏低的出滩道路将无法满足滩区群众在 1 小时内撤退的需求，交通设施的高效性严重不足。

滩区典型道路断面形式分析表　　　　　　表 3.4

道路名称	道路等级	路幅宽度	断面形式	车道数	防护绿带	现状断面
S308	省道	15m	一块板	双向双车道	两侧有宽 20 ~ 50m 防护绿带	

续表

道路名称	道路等级	路幅宽度	断面形式	车道数	防护绿带	现状断面
马高线	县道	10m	一块板	双向双车道	两侧有宽 10 ~ 20m 防护绿带	
堤顶路	县道	6m	一块板	堤顶双车道	两侧有宽 100m 防护绿带	
村庄路	乡道/村道	6m	一块板	双向双车道	两侧紧邻民宅,部分未硬化	

注：数据来源：作者整理。

③区域连通性不足

区县间连通性差,断头路、尽端路多。例如,原阳县滩区东西向幸福路至东部县境附近逐渐变窄消失,形成断头路;实际上,若将幸福路继续向东延长3km,便可直达开封市的S219省道,这"最后三公里"的道路断点,阻断了原阳县滩区与开封市本应便捷的联系。再如,长垣县修筑完成的穿滩公路马高线已全线通至南部县境,但封丘县道路体系尚未形成衔接,使得滩区整体联系不畅。

区县各自为战、规划建设中缺乏有效协调,使得滩区内部道路连通性不足。从市域层面讲,区县间存在不同程度的壁垒,当前沿黄滩区交通体系缺乏统一梳理与协调。从区县层面讲,当前滩区区县发展眼光集中在自身辖区范围内,缺乏与周边地区的联系与协同的发展观念。滩区内部道路连通性不足,将影响滩区物资的快速调运,地区之间的联结性受到道路布局不足的限制。

总结来讲,新乡市黄河滩区的道路设施在紧急撤退的情况下,无法满足工程韧性高效性的要求。同时,长期以低等级道路承担区域运输、滩区内外联系的功能,低等级道路的耗损加快、维护不足,也在一定程度上拉低了滩区道路设施的鲁棒性。因而,结合以上两种情况,新乡市黄河滩区的道路设施在路网布局与道路质量上与坚固高效的理念相去甚远。

3. 小结：滩区水患逐步可控但风险犹存

随着2001年底小浪底水利工程的建立,滩区水量得到有效调蓄,未来超过10000m³/s流量的洪水将得到控制。但中上游倾泻而下的泥沙并未减少,黄河滩区"二级悬河"威胁尚在，未来中小型洪水将呈现泄洪历时加长的趋势，滩区防汛工程在长期假水条件下的鲁棒性是一大挑战，总体而言，水患风险依然不容忽视。

在当前新乡市黄河滩区的道路布局下，撤退道路的等级偏低、密度不足，影响了道路系统的高效性。较低等级道路承担了过量的交通流量的现实情况，且维护修缮不及时，使得滩区道路残损加剧，降低了道路系统的鲁棒性。以上情况共同增加了当前新乡市研究地段的出滩所需时间，使得未来一段时间内该地段紧急撤退方面仍面临一定压力（表 3.5）。

工程韧性不足因素归纳　　　　　　　　　　表 3.5

扰动与冲击来源	扰动与冲击描述		工程韧性不足方面
水患防御	水患仍存威胁	"二级悬河"威胁堤防	鲁棒性
		中小型洪水历时长	
		洪流游荡性依然很强	
		洪水预见期短	
	滩区仍存隐患点		
交通设施	出滩时间紧迫		高效性 鲁棒性
	道路密度不足、等级偏低		
	区域连通性不足		

四、生态空间韧性分析与评价

本节将从当前研究地段自然保留地的保护与利用情况分析评价、生态空间的结构格局两方面，基于结构冗余的理念展开生态空间韧性分析评价。

1. 自然保留地的保护不力

研究范围内生态空间规模大，环境保护好。从研究范围内国土空间现状用地考察，研究范围内以基本农田、水域或滩涂为主，另有部分集中连片的林地分布，防洪主堤两侧有连续防护林地（图 3.40）。

研究范围现状土地利用统计表　　　　　　表 3.6

用地类型	面积（hm²）	占比
耕地	82130	50.64%
园地	541	0.33%
林地	4901	3.02%
设施农用地	469	0.29%

续表

用地类型	面积（hm²）	占比
水域或滩涂	44626	27.51%
自然与文化遗产保护区	404	0.25%
城乡居民点用地	19927	12.29%
采矿用地	1391	0.86%
其他独立建设用地	799	0.49%
水工建筑用地	4387	2.71%
其他用地	2613	1.61%
总计	162189	100.00%

注：数据来源：依据2017年6月修编《新乡市土地利用总体规划（2006-2020）》新乡市土地利用现状图（2014年）统计获取；
上表中"其他用地"包含但不仅限于农村道路、农田水利用地、铁路用地、公路用地、风景名胜设施用地。

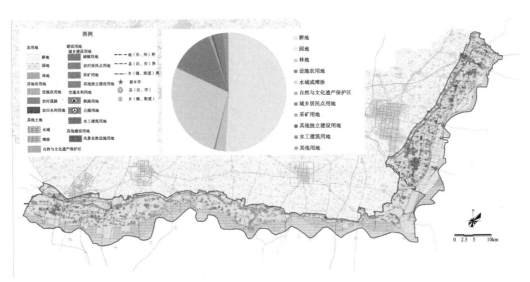

图3.40 研究范围土地利用现状图 [图纸来源：根据2017年6月修编《新乡市土地利用总体规划
（2006-2020）》新乡市土地利用现状图（2014年）改绘]

依据新乡市国土部门提供的土地利用现状图（2014年版）对研究范围内2014年土地利用类型展开统计与研究。研究范围以耕地、水域或滩涂、城乡建设用地为主要的三类土地利用形式，其中耕地占比超过半数，以水域或滩涂为代表的自然保留地占比超四分之一，城乡建设用地（城乡居民点用地、采矿用地、其他独立建设用地）占比约八分之一。可发挥生态职能的用地类型总体占比82.04%（表3.6），绝对数量充足。而居民点等建设用地则零散分布、工业用地布局极少；并有黄河湿地国家级鸟类自然保护区、黄河水利风景区、博浪沙省级森林公园分布于研究范围内，进一步佐证该地段生态环境的优越、自然景观条件得天独厚。

然而，在优厚的生态资源背景下，新乡市黄河滩区的资源利用与保护情况却存在潜在威胁，以滩涂湿地为代表的生态空间结构破碎、自然保护地保护范围难以落实，此两者的持续恶化将使地段优越的生态条件毁于一旦。

1）以滩涂湿地为代表的生态空间结构破碎

（1）湿地规模缩减

湿地是黄河滩区最为典型的生态空间类型，为野生动植物提供栖息地，同时在主河槽岸线兼顾滞留洪水、保堤护岸的功能（湿地中国，2008）。当前黄河滩区湿地主要存在于毗邻主河槽的滩涂与大堤两侧的洼地。通过 1987 年、1997 年、2007 年、2017 年的 Landsat 卫星遥感影像数据的 NDWI❶（Normalized Difference Water Index，归一化水指数）分析，可以得出黄河滩区湿地的变化情况。

1987 年，黄河湿地与黄河河道相互交融，互相影响，形成了河流湿地系统；1997 年，下游洪水泛滥，土地和村镇被淹没；2007 年，黄河河道逐渐稳定，河道宽度逐渐变窄，黄河湿地收缩，村镇开始向黄河边扩张；2017 年，沿黄河湿地的范围随着黄河河道的收缩而收缩，村镇建设进一步向黄河边扩张（图 3.41）。

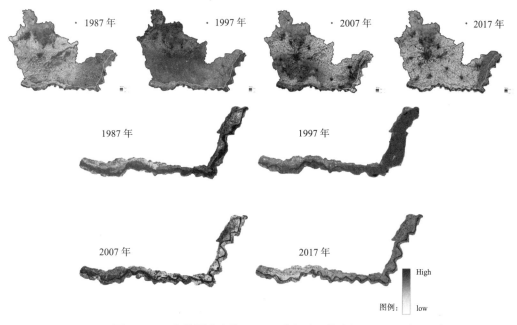

图 3.41 研究范围内水体 NDWI 分析（图片来源：项目组）

---

❶ NDWI 是归一化水指数的英文缩写，是基于遥感影像对其中的绿波段和近红外波段进行归一化差值处理的结果，以凸显和提炼影像中的水体分布情况。相比于提取城市中的水体，该方法在较少建筑背景的影像中提取水体效果较好（S. K. McFEETERS，1996），适用于广布乡村与田野的滩区地带。

滩区居民点外围原本掘土筑堤遗留的低洼湿地空间一步步遭到村镇建设的蚕食，规模减小；黄河主槽在干流水库的调控下汛期水量逐步可控、主槽逐年下切加深，主槽沿线滩涂上水频率减低，沿线湿地规模收减。黄河主槽沿线的湿地空间减少，造成了滩涂旱涝调蓄不济，在旱季缺水时期，主槽沿线风沙严重（图3.42）。

图3.42　桥北乡滩涂退化形成的沙丘与遍布沙土的地面（图片来源：作者拍摄）

（2）当前滩涂受到侵占使得滨水湿地互不相连

新乡市黄河滩区当前自然生态空间主要集中于黄河主河槽沿岸，以滩涂的形式存在，但大量滩涂空间已经被人为占用，形成耕地。

从2018年11月Google Earth卫星影像绘制的当前用地现状分析图（图3.59），相比于研究范围内2014年土地利用图，82.8%的滩涂已经化作耕地。总体而言，原本以带状形态分布于黄河主槽沿线的滩涂被分割为若干坑塘湿地，主槽沿线的湿地规模严重缩减、湿地连贯性被打断。

从侵占滩涂形成的耕地本身来看，此类耕地易受水浸，耕种效益不佳；滩涂耕作不仅使得原本滩涂湿地净水、滤水的功能消失，而且连续耕种进一步消耗土壤肥力，加剧了土壤沙化（图3.43）。

图3.43　紧邻主槽的耕地（图片来源：作者拍摄）

2）自然保护地保护范围难以落实

封丘县滩区与长垣县南部滩区大部分属于河南新乡黄河湿地鸟类国家级自然保护区范围，研究范围内涉及保护区总面积23252hm²，分为核心区、缓冲区、实验区。核心区外围布局有缓冲区，最外围的实验区包含部分滩区村庄与背堤洼地。

该保护区范围与村庄、耕地、道路存在功能重叠，核心区覆盖耕地2613hm²，缓冲区覆盖村庄1处、耕地2242hm²，实验区覆盖村庄4处、耕地3155hm²、高速1条、省道2条、县道2条（表3.7）。

河南新乡黄河湿地鸟类国家级自然保护区范围内功能重叠分析　　　　　表 3.7

	核心区	缓冲区	实验区	合计
总面积（hm²）	7075	8212	7965	23252
覆盖耕地面积（hm²）	2613	2242	3155	8010
覆盖村庄	—	碾庄村	三合村、蒋寨村、厂门口村、邵寨村	5
覆盖道路	—	—	G45、S213、S219、堤顶路、恼大线	5

注：数据来源：作者整理。

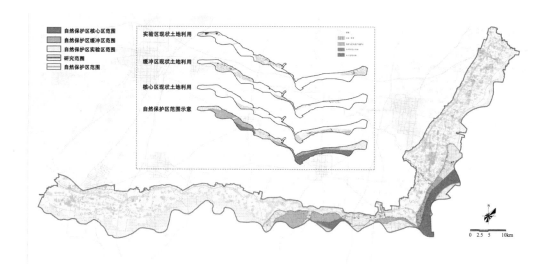

图 3.44　新乡自然保护区范围分析图（图片来源：作者绘制）

自然保护区范围与农业生产区域、社会居民点、交通线路的重叠，给自然保护区鸟类保护与保护区管理造成一定困难（图3.44）。随着大量滩涂被农田蚕食，自然保护区范围与农田的重叠将进一步加重。

以湿地与自然保护地为代表的自然保留地资源，是黄河滩区生态空间重要的组成部分。从整体湿地生态系统结构来看，滩涂湿地遭受侵占、自然保护区的保护范围难以落实的种种境况，均使得湿地生态系统空间上的连通性遭到破坏，原本贯穿黄河主槽沿线的湿地廊道被隔离为彼此互不相连的湿地斑块，生态空间的冗余性锐减。滩涂湿地的减少使得黄河主槽沿线的天然缓冲空间几近消失，洪水来袭时的流速与冲击力都将增大。

2. 生态空间结构格局失衡

新乡市黄河滩区土壤沙化易流失、水资源分布不均衡的特点，共同形成了该地段的自然条件基础，在这种基础上，地区生态安全格局的评估成为地方生态空间稳定可持续发展的前提。

1）地段土壤水文基本条件

基础条件①：土壤沙化易流失。研究范围内，其中主要土壤类型为黄河冲积形成的潮土土类；在黄河故道分布着风沙土，主要位于平原示范区桥北乡和韩董庄镇的幸福渠沿线、原阳县蒋庄乡和官厂乡的柳园引水渠沿线、封丘县荆隆宫乡和曹岗乡的堤外洼地（图3.45）。

连年的农业耕作消耗着土壤肥力，滩区水土保持面临一定威胁。尤其是风沙土分布的地段水土保持难度大。

图3.45 研究范围土壤类型分析图（图片来源：项目组）

基础条件②：水资源分布不均衡。黄河河槽下切在一定程度上减弱了新乡市黄河滩区的水患威胁，但也造成滩区供水紧缺。

研究范围内，以黄河作为主要水系，另外分布有平行于黄河主河槽的河渠2条、枝状引黄渠若干、零星渗塘和湖泊（图 3.46）。滩区各引水渠先后出现"河低渠高"的情况，使得引水渠出现断流现象，需通过提灌站实现引水。黄河主槽水患威胁降低的同时，加剧了水资源分布不均衡，成为生态空间的一类扰动因素。

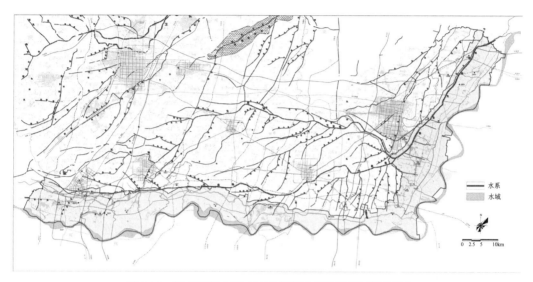

图 3.46　研究范围主要水系分析图（图片来源：项目组）

2）生态安全格局弱点分析

针对新乡市沿黄滩区独有的生态空间系统，本书课题组曾以研究范围内黄河主流及主要支流水系为生态源、以生物栖息地模型为基础、以影响众河流水系及湿地生态的周边环境为背景，通过 ArcGIS 分析，依据黄河主河槽、天然文岩渠等新乡市滩区范围内主要生态源及沿线坑塘外延 1km、2.5km，形成基于主要滩区河流的生态安全格局初步预判（图 3.47）。

该生态安全格局初步结果显示，研究范围的东北部沿主河槽与天然文岩渠形成两条走势平行的生态敏感保护带，两者在空间上形成互补的关系，天然文岩渠一线成为黄河主槽生态空间的并联结构。

而纵观研究范围西部，仅形成滨水地带的生态敏感保护带，近堤地段的生态网络欠缺。进一步对西部地段的地形特征研究，将新乡市黄河滩区地形高程分析图、各级流量水位图与滩区现状土壤图、主要滩区河流的生态安全格局分析图叠加（图 3.48）。可见沿柳园引水渠一线，至柳园村、大刘固村、李庄村、娄凤鸣村一线南侧，北折经包厂北侧，至越石险工的低洼带状空间，土壤类型潮土伴生风沙土，宽度在 150 ~ 650m 之间，地势相较于周边低 1.5 ~ 4.5m，8000m³/s 以上流量洪水将使该段漫滩。

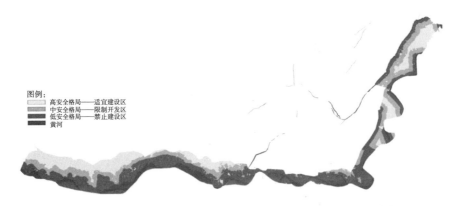

图 3.47　依据主要河流的新乡市黄河滩区生态系统安全格局初步评估（图片来源：项目组）

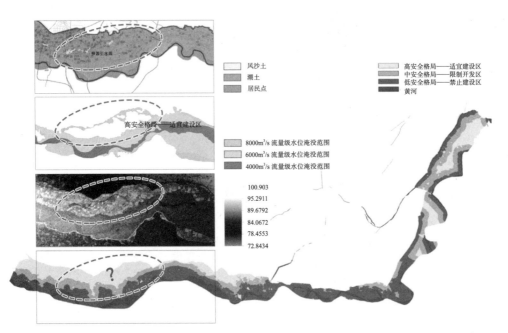

图 3.48　新乡市黄河滩区西部地段地形、水位、土壤与生态安全格局对比分析图（图片来源：作者绘制）

图 3.49　官厂乡一干渠、柳园引水渠现状照片（图片来源：作者拍摄）

当前引水渠在渠漕束缚下，对两侧的生态辐射效果不够显著（图 3.49）。贫瘠的风沙土使得该带状空间内作物长势不佳，20 世纪 60 年代为治理风沙在柳园引水渠南侧种植的洋槐林，经过 50 余年的生长，树干胸径普遍仅有 10 ~ 20cm，生长缓慢；并且树木干梢、枯萎的情况比比皆是，林下土壤依然沙化严重（图 3.50）。以上历史实践证明，在缺水贫瘠的情况下，利用树木在滩区沙土地进行生态修复的效果不够理想，并且会对滩区行洪造成阻塞。因而，恢复滩区湿地生态系统的局部生态修复方式值得进一步研究与实践。

图 3.50　干梢的槐林和地面未得到根本改善的沙土（图片来源：作者拍摄）

与此同时，研究地段西部土地宽阔，但其中可在生态安全格局上发挥结构性生态效益的区域缺失，在部分地段土壤松散易流失、地段水资源供给不平衡的自然条件下，研究地段西部地区的生态格局结构失衡；长此以往，未来研究范围西部地段的生态环境将面临恶化。

3. 小结：滩区生态环境优越但系统脆弱

新乡市滩区现有自然保护区、林场、防护林带等生态斑块、廊道，工业发展层次低，生态环境优良。

生态空间韧性不足因素归纳　　　　表 3.8

扰动与冲击来源	扰动与冲击描述		生态韧性不足方面
自然保留地	滩涂湿地结构破碎	湿地规模缩减	冗余性
		滩涂遭到占用	
	保护范围难以落实		
生态安全格局	土壤水文基本条件	部分地段呈沙质土壤	冗余性
		水资源分布不均衡	
	局部地段生态安全格局存在脆弱点		

近年来部分基本农田"上山下滩"增加了滩区土地的开发强度，占据了滩区自然

滩涂空间，并且自然保护区的保护范围难以落实，使得滩区生态系统脆弱程度加剧。与此同时，滩区土壤沙质较明显，河道丰枯水位差异显著，水土保持难度大；在局部地段缺乏有效发挥生态效益的结构性生态空间的情况下，不利于未来滩区局部地段的生态系统稳定性（表3.8）。

五、生活空间韧性分析与评价

本节将从当前研究地段的居民点布局评估、公共服务设施分析、社会文化发展三方面，基于灵活丰富的理念展开生活空间的韧性分析与评价。

1. 滩区居民点布局欠合理

根据新乡市现状典型流量等级水位淹没范围，当前研究范围内尚有大量居民点面临 10000 m³/s 流量级洪水水患威胁（图 3.51）。

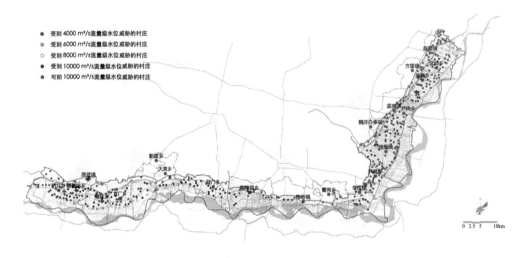

图 3.51　现状村落水患风险评估（图片来源：作者绘制）

研究范围内，涉及滩区乡镇 17 个、滩区村落 387 个、滩区人口 53 万余人；涉及倒灌区乡镇 3 个、倒灌区村落 37 个、倒灌区人口 3.5 万余人（表 3.9）。新乡市黄河滩区地域范围广阔、涉及人口众多，各区县对滩区村落外迁的需求与目标存在差异，发展策略不能 "一刀切"。滩区居民点短期内无法实现完全外迁。

研究范围涉及新乡市沿黄 "三县一区" 的 21 个乡镇辖区，共覆盖 16 处乡镇中心区、509 个村庄或社区居民点；以上 509 处居民点中，共有 424 处位于新乡市黄河滩区或倒灌区（表 3.9），占研究范围内居民点总数的 83%，该 424 处居民点总计人口 574795 人，每个居民点平均人口 1356 人。大部分滩区居民点规模在 450 ~ 1000 人，但也出现个别规模巨大、登记人口近 8000 人的居民点（图 3.52）。

研究范围内滩区现状村落人口统计　　　　　　　　　　　　　　　　　表 3.9

乡镇名称	滩区村落数量	滩区人口	倒灌区村落数量	倒灌区人口
桥北乡	21	30143	—	—
韩董庄镇	28	30871	—	—
蒋庄乡	27	26608	—	—
官厂乡	37	36794	—	—
靳堂乡	23	30773	—	—
大宾乡	7	8709	—	—
陟门乡	39	59685	—	—
荆隆宫乡	11	31376	—	—
陈桥镇	9	9058	—	—
曹岗乡	2	9000	5	6240
李庄镇	18	28130	4	4340
尹岗镇	1	1680	28	24958
恼里镇	28	45720	—	—
魏庄办事处	22	30333	—	—
芦岗乡	41	61301	—	—
苗寨乡	37	48812	—	—
武邱乡	36	50264	—	—
合计	387	539257	37	35538

注：数据来源：作者整理。

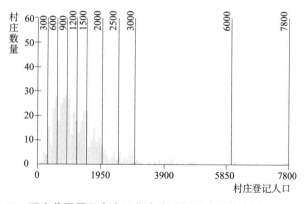

图 3.52　研究范围居民点人口集中度分析图（图片来源：作者绘制）

　　研究遵循多规协调的工作思路，结合《新乡市土地利用总体规划（2006-2020）》、封丘县在国家扶贫政策支持下制定的滩区村落外迁计划，以及地方管理者反馈的一手信息，对研究范围内居民点的既定外迁安置计划进行了梳理。研究范围内计划迁建居民点289处，其中252处位于滩区或倒灌区，有86处滩区居民点被纳入近期搬迁安置计划（图3.53）。

　　对比滩区计划安置的全部村庄名录与村落人口数量（图3.57），体现出计划外迁村落的选择与村落人口数量的相关联系不强，而主要从滩区居民点的安全角度着眼。滩区计划安置的全部村庄，主要分布在临近黄河主槽地段和滩区低洼地段（图3.54）。

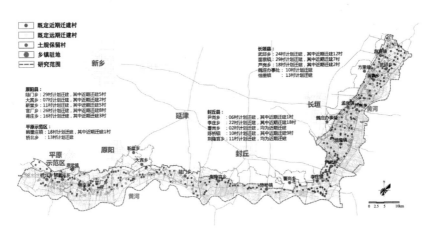

图3.53　研究范围内既定外迁居民点行动时序分析图（图片来源：作者绘制）

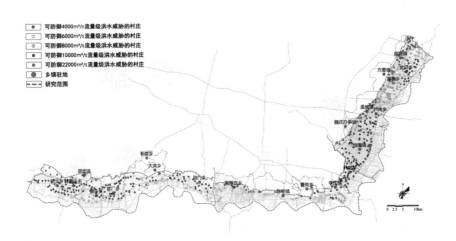

图3.54　研究范围内居民点所处水位分析图（图片来源：作者绘制）

　　所有迁建居民点中，有4处位于本研究拟定的6000m³/s水位线以下，安置需求紧迫，已经包含在近期安置计划之内；共有67处位于本研究拟定的6000～8000m³/s

水位线之间，其中 36 处包含在近期安置计划之内，对可能存在一定水患风险的居民点进行避险迁建；共有 62 处位于本研究拟定的 8000 ~ 10000m³/s 水位线之间，其中 30 处包含在近期安置计划之内；另有 119 处位于本研究拟定的 10000m³/s 水位线之上，其中 16 处包含在近期安置计划之内，该类滩区居民点的安置，主要解决居住条件改善的需求。对比近期安置村落名录与村落人口数量，体现出既定规划则从安全格局与村落人口数量双重因素制定可行性较强的安置计划。与滩区计划外迁安置的全部村落人口数量分布相比（图 3.55），近期计划安置居民点人口分布显示出人口少的居民点占比多的特点（图 3.56）。

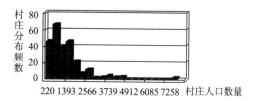

图 3.55　滩区计划外迁安置村落人口数量分布（图片来源：作者绘制）

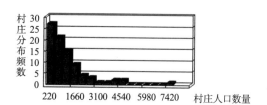

图 3.56　近期滩区外迁安置村落人口数量分布（图片来源：作者绘制）

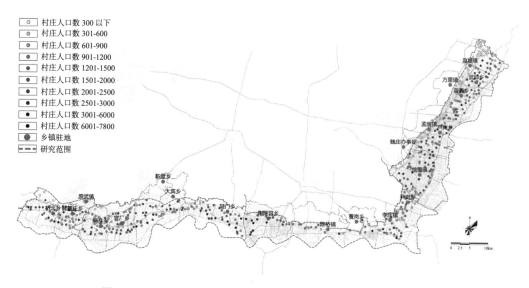

图 3.57　研究范围居民点人口分布分析图（图片来源：作者绘制）

在对当前的各项滩区安置计划与土地利用规划进行综合梳理之后，从居民点布局方面而言，尚有一部分居民点处于水患威胁之中：对比既有地方外迁安置计划所涉及村庄，尚有 14 个受到 8000m³/s 流量洪水威胁的村落未列入外迁安置计划，尚有 74 个受到 10000m³/s 流量洪水威胁的村落未列入外迁安置计划。

同时，为评价已实施外迁安置的滩区居民点发展情况，并考虑作为黄河险工节点的文化遗迹代表性，以李庄新城常住居民为对象，进行滩区安置社区的条件改善相关情况调查。

截至 2017 年底，李庄新城已建成 56hm²，首批试点迁建张庄、姚庄、薛郭庄、贯台、南曹 5 个村，共 2053 户、7634 人（侯梦菲、陈晓东等，2017）。调查于 2018 年面向以上完成迁建的居民展开，采取抽样问卷调查形式，委托地方政府工作人员以住户为单位随机发放问卷 100 份，回收 88 份，最终获得有效问卷 75 份，有效问卷约占抽样总户数的 3.7%，占抽样总人数 1.0%。内容重点获取与生活、生产空间韧性有关的居民生活满意度、现状经济条件、未来空间诉求等。

从居住环境条件改善来看，外迁安置较为合理可行。受访者搬迁安置后居住满意度较高、居住水平有所提升（题目 4）。三成受访者表示非常满意，四成受访者表示比较满意，满意度颇高（题目 5）；并有超过九成受访者表示，搬迁安置后居住水平有所提高，其中三成表示居住水平大幅度提高（图 3.58）。

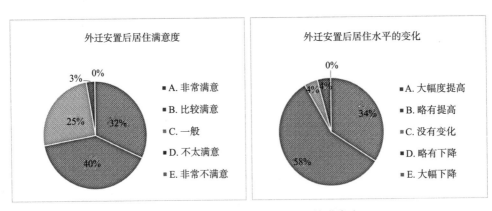

图 3.58 李庄新城安置居民居住环境满意度

韧性城市的相关研究指出，提高地区的工程韧性的过程中，强调通过规划理念和设计手段的不断更新以达到防灾减灾的目的，但其本质是对土地利用规划与空间布局的高层次要求（Stevens M. R.、Berke P. R. et al.，2010）。在当前新乡市黄河滩区各项既定规划的前提下，未来全部滩区居民点已满足防御 6000m³/s 流量洪水的要求，但尚有部分居民点难以满足防御 10000m³/s 流量洪水威胁的要求，反映出的是滩区用地布局上鲁棒性的不足。

2. 公共服务配套不足

1）公共服务设施用地规模极小

研究范围内，城乡建设用地以星罗棋布的村民住宅用地为主，部分乡镇驻地附近分布有居住用地、公共管理与公共服务用地、商业服务业务设施用地、工业用地或村庄产业用地，采矿用地、其他独立建设用地零星分布。

研究范围内城乡建设用地中，其中公共管理与公共服务用地占比不足百分之一，商业服务设施用地占比则更少（表 3.10），反映出地段公共服务设施从根本的用地配置上就极为欠缺（图 3.59）。

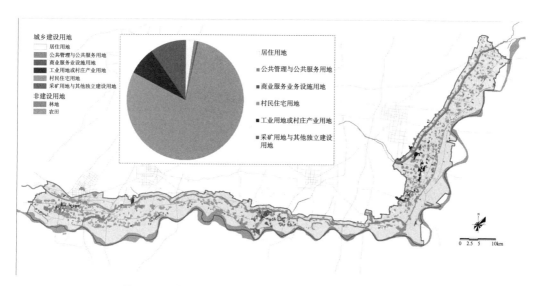

图 3.59　城乡规划用地现状分析图（图片来源：作者绘制）

研究范围现状城乡建设用地统计表　　　　　　　表 3.10

用地类型	面积（hm²）	占比
居住用地	508	2.30%
公共管理与公共服务用地	182	0.83%
商业服务业务设施用地	74	0.33%
村民住宅用地	17488	79.07%
工业用地或村庄产业用地	1675	7.57%
采矿用地与其他独立建设用地	2190	9.90%
总计	22117	100.00%

注：数据来源：作者整理。

2）公共服务设施类型不充分

针对李庄新城首批安置群众展开的调查问卷反映出居民生活条件改善后，在城镇化水平、公共服务设施配套方面反映出不足。

城镇化水平方面，滩区搬迁安置保持居民农业户口不变（附录E问卷题目8），从户口角度看，城镇化水平未提高；调查中85%的受访者是农业劳动者（附录E问卷题目3），受访者家庭收入近四成来源于农业耕种、另有近五成来源于上班或打工（附录E问卷题目14），从就业类型角度看城镇化水平可达近50%。

公共服务设施方面（附录E问卷题目6），受访者普遍对教育设施、医疗设施认知度较高，对公园绿地的认知度其次；对文化设施、体育设施、养老设施的认知度不高（附录E问卷题目7），但有较高的期待；另外在产业配套设施中，居民对晒场、农具存放处有较高需求。

可见现阶段新乡市黄河滩区改善后的新型农村社区存在城镇化水平依然不高、生活性公共服务设施与生产性服务设施配套均不到位等问题。可想而知，对于新乡市黄河滩区普遍尚未实现外迁安置的居民点而言，其生活空间的公共服务设施则更为缺乏。

考察造成研究地点公共服务设施严重匮乏的原因，不难发现新乡市黄河滩区居民点面临着"迁与留"的问题。当传统规划以"迁"为远期目标时，滩区现阶段发展不被看好，财力、物力的投入十分有限。与此同时，滩区居民点的外迁安置尚未制定一以贯之的明确计划，面对时间不明确的迟早外迁要求，滩区发展因患得患失而陷入停滞不前的死循环。在这种恶性循环之中，生活服务设施的灵活性与多样性则荡然无存。

3. 社会文化发展滞后

受到无限期等待外迁的衍生影响，新乡市黄河滩区村民住宅用地逐渐形成粗犷利用的情况。居民点中心地带残留大量废弃宅基地，滩区居民点边界一步步向外围扩展，拉低了建设用地的使用效率。村落传统格局也受到"空心村"（王成新、姚士谋等，2005）的破坏，村落中心原本发挥文化作用的历史建筑与文物古迹也受到遗弃。

1）地方文化资源丰厚

研究范围居民点发源早，文化资源丰厚。新乡市黄河大堤修筑于明清时期，其中大量居民点早在黄河大堤修筑之前就已经在此扎根繁衍，具有较丰厚的历史遗存。同时，紧邻黄河主槽的地理位置，使得研究地段的社会文化中自带黄河文化的身影。

遗址遗迹、民俗文化、宗教文化、名人故里等共同组成了新乡市沿黄地带灿烂的历史人文资源。遗址遗迹资源以黄河为带，沿线均有分布；宗教文化以西部的原阳县和东部的长垣县为主要分布区域；民俗文化和名人故里散点分布（图3.60）。

滩区各类文化因素受到华夏母亲河的滋养，丰富的文化资源始终是与"黄河"这一根本文化脉络紧密联系的；若从文化资源的地域代表性出发，可以梳理形成新的文化资源层次。即黄河文化和水利文化是最根本的、有历史和地域价值的、滩区最有代表性的文化资源，它们是滩区文化的核心；其次是中原文化，作为区域范围内有一定影响和知名度的文化资源，具有重要地位和较高的保护等级；第三层级是滩区的民俗文化，反映了滩区人民的日常风俗和生活智慧（图 3.61）。

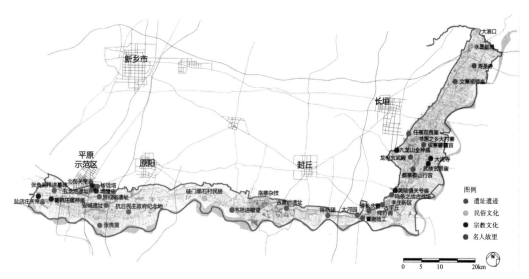

图 3.60　研究范围现状文化资源分布图（图片来源：作者绘制）

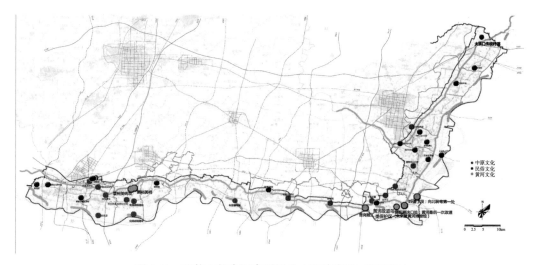

图 3.61　现状文化资源类型划分（图片来源：项目组）

据以上分类梳理可见，黄河滩区历史源远流长、文化资源丰富，形成了黄河文化、中原文化、民俗文化三级体系（附录 D），涵盖了从水利工程、宗教信仰、古迹遗址到民风民俗的多层次、多种类的滩区文化基础。新乡市黄河滩区文化资源的丰厚，也显示出该地自古以来具有丰富的社会生活形态。

2）地方文化价值未在居民生活中得到彰显

（1）地方文化价值认知度低

与新乡市黄河滩区丰厚的文化资源形成鲜明对比，在现阶段新乡市黄河滩区文化认知中，黄河文化的重要性、滩区文化的丰富性和系统性往往被忽视，部分文化资源的价值并未彰显。

黄河文化中的水利工程、治水历史是滩区文化最突出特征，是有踪可循的滩区文化根基，但是其价值认知最为欠缺。比如原阳县的治水功臣栗毓美，很多当地居民、地方管理者都不清楚其祠堂与所筑砖坝等历史遗迹的存在；再如"曹岗险工"拥有紧邻黄河主槽的位置、近10m内外高差的险要地势、历史上曾多次发生决口事件等体现"地上悬河"的典型特征，是黄河文化的代表，但并未设置足够的文字与图示说明，文化价值被忽视。从以上事例不难看出，滩区典型的黄河文化的价值认知严重不足。

（2）地方文化保护不力

滩区文化资源不同程度上存在保护的欠缺，难以形成滩区的整体文化形象。例如，陡门乡韦城村韦氏"一门三相"的典故在村里人尽皆知，但是韦氏祠堂却没有得到很好的保护和维修，精神文化认知与物质遗迹保护不对等；再如，原武镇作为国家历史文化名镇，镇中的城隍庙等文物建筑几近坍塌，缺乏维护修缮。类似的状况在研究范围内并不鲜见，文化资源保护欠缺。

总体来看，新乡市黄河滩区具有丰厚的文化资源与历史遗存，具有黄河文化、中原文化、民俗文化三级现状文化资源体系。然而，在价值认知不足、保护维护不力的现状下，滩区当前的丰富文化资源与人民的生产生活脱节，居民的家乡自豪感、文化凝聚力不足。社会文化对生活空间形态多样性、灵活性的带动作用尚未体现出来。

4. 小结：滩区文化丰厚但面临社区涣散

在小浪底水库发挥黄河下游汛期水量的调控作用后，新乡市已经基于黄河滩区的新处境制定了滩区居民点布局改善的系列规划，但尚不能满足现阶段滩区居民点布局的鲁棒性。

并且，滩区在多年传统规划下形成以"迁"为远期目标的观念，大量公共服务配套设施的建设被搁置；长此以往，滩区公共服务设施的配置难以均衡；研究地段当前生活服务设施情况与灵活性、多样性的目标仍有较大距离（表3.11）。

生活空间社会韧性不足因素归纳　　　　　　　　　　表 3.11

扰动与冲击来源	扰动与冲击描述	韧性不足方面
居民点布局方面	既定规划确立的居民点布局尚不能完全满足防洪避险需求	鲁棒性
公共服务方面	公共服务设施用地规模小	多样性、灵活性
	公共服务设施类型不充分	
社会文化方面	社会文化资源基础丰厚	多样性有所体现
	社会文化对生活空间引导作用未显现	灵活性不足

　　一直以来，滩区村落普遍以村落中心的庙宇祠堂等公共文化场所为核心，发展建设居民点。但村落发展中，部分村民为节省翻建成本放弃村中旧宅，在村边择地建设新宅，使得村落持续向外蔓延，村中心却破败不堪，出现"空心村"，严重削弱了文化场所在聚落中的核心功能地位。另外，新乡市黄河滩区散落着大量古代战争遗址、庙坛宗祠、石刻碑文等文物古迹；同时，黄河的漕工文化在新乡黄河滩区更是一面文化旗帜。但以上文化特色资源大部分与滩区居民的生产生活脱节，难以得到重视。文化资源对地区生活空间灵活丰富形态的引领与塑造作用无从体现。在滩区自身文化凝聚力下降、生活条件长期难以改善的双重影响下，未来一段时间滩区聚落的社区活力将持续下降。

六、生产空间韧性分析与评价

　　本节将从当前研究地段生产空间的产业发展，以及地区群众经济收入情况展开分析，以挖掘新乡市黄河滩区在经济韧性方面不足的根源。

1. 产业发展水平低

　　新乡市黄河滩区生产空间面临着现状水平低、发展面临潜在冲击多的现实条件。

　　1）现阶段产业水平低

　　研究范围内工业用地或村庄产业用地、商业服务业设施用地占比不到现状城乡建设用地总量的 10%（图 3.59），当前研究范围内农业所占产业比重巨大，第二产业占比少，第三产业欠缺。

　　少数经济条件较好的乡镇主要依靠工业的维持，如平原示范区的桥北乡、韩董庄镇有部分工业园分布，封丘县尹岗镇布局起重、卫材基地，长垣县恼里镇主要发展起重产业、苗寨乡以防腐产业为主。但滩区地处黄河大堤之内，洪水隐患与滩区行洪功能并存，使得大部分乡镇所处地段不适合发展第二产业，转而着眼于探索第一、第三产业结合发展的道路。但滩区第一产业作物单一，种植方式落后，经济效益低；第三产业处于起步阶段，目前发展方向不明确，特色不突出。

产业水平低也影响滩区搬迁安置试点的城镇化水平。李庄安置居民基本保持农业户口不变，户籍城镇化水平未提高；调查中85%的受访者是农业劳动者，受访家庭收入近四成来源于农业耕种、另有近五成来源于上班或打工（图3.62），从就业类型角度看，城镇化水平仅有50%。

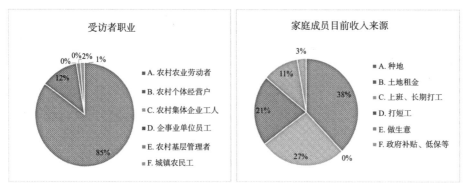

图3.62　李庄安置居民职业与收入来源

在针对李庄新城首批安置群众展开的调查问卷统计中，安置后尚有82%的受访者表示自家土地以自己耕种的形式使用，但自有土地种植的作物类型却极为相似，以粮油棉为主要类型，在当前国家鼓励基本农田复合利用的利好条件下，农户个体经营的多样性、灵活性完全没有体现。其中超过九成耕作者需要借助自行车、电动车、摩托车或农用车抵达田间地头，七成耕作者表示安置区与田地距离偏远（图3.63）。个体经营的特色缺失、安置区居民耕作不便的双重现状，引发产业升级与规模化种植的思考。

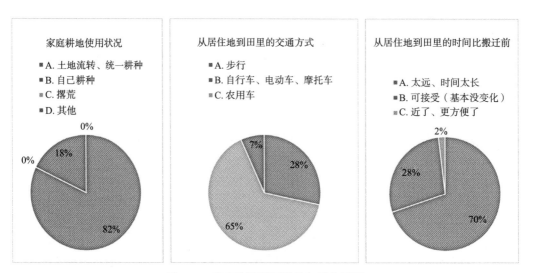

图3.63　李庄安置居民耕地与耕作情况

2）发展面临潜在冲击

（1）内部产业特色缺失

a. 产业同质化严重

新乡市黄河滩区虽有较好的第一产业基础，但除去基本农田的农作物种植外，花木观光生产类占比较大，农业观光类、花果采摘类次之，综合类最少。当前新乡市黄河滩区第一产业范畴内的新兴特色产业规模较小，差异性不强，还需重点培植（图 3.64）。

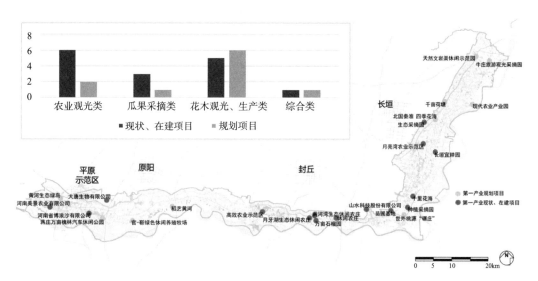

图 3.64　第一产业主要项目分布图（图片来源：项目组）

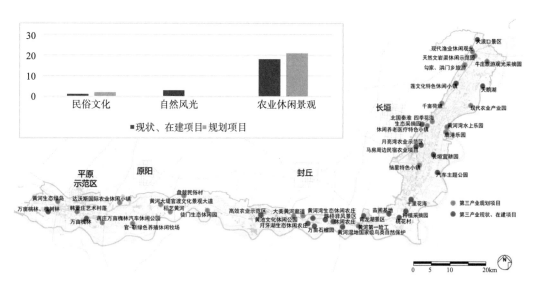

图 3.65　第三产业主要项目分布（图片来源：项目组）

新乡市沿黄第三产业分布点多而杂乱，"三县一区"各成一体，彼此缺乏协调、项目重复。例如各区县招商项目普遍偏重康养、运动、航空观光等领域，易造成内部竞争与自身损耗，若任其发展，极易出现项目雷同、相互抑制、恶性竞争的现象（图3.65）。

b. 文化附加值未发挥

滩区文化有丰富的基础资源，但欠缺统筹协调、系统开发。如民俗文化，调研发现书法绘画艺术深得滩区居民的喜爱，而且创作主题也以黄河风景、黄河鲤鱼等黄河主题为主，体现了"母亲河"在滩区地域范围内的重要影响和精神依托。但当前该类文化资源点均自发形成、分布零散，缺乏统筹协调，忽视了类似的艺术村落对形成滩区文化"新名片"的推动作用。然而，新乡市沿黄地区深厚的历史底蕴、壮美的自然风光，均未体现出价值。

（2）外部竞争激烈

新乡市黄河滩区产业与周边地区呈现严重的竞争关系。

黄河南岸滩区的发展，与新乡市所在的黄河北岸滩区形成一定的竞争，使得新乡市黄河滩区在部分方面的比较优势不显著。如封丘县陈桥驿虽为宋代开国之地，但与对岸开封市宋文化相比，在体量、知名度等方面都不具备优势；又如原阳县官厂乡境内虽设有"官渡之战"纪念碑，但与黄河南岸中牟县官渡镇的"官渡文化"相比，又现"小巫见大巫"之情况。

外部竞争的严重与地区差异化的不明显，进一步反应出研究地段与周边地区的联结性十分疏松，对于获取外部信息、远销自身产品都具有滞后性，从而展现出与周边地区发展项目雷同、并且发展层次和规模远不及周边地区的窘境。

综合以上内容可见，新乡市黄河滩区现有产业发展水平低下，个体经营的多样与灵活特点消失。新兴第三产业项目等级较低，整体性、系统性都有待提升；滩区第三产业多为传统的农业观光、休闲、采摘等项目，项目类型集中、差异化不明显；造成"生态绿色牌"不突出、民俗文化和自然风光吸引力不显著的困境。在与周边地区的对比中，以上问题则更加突出。

面对需求尚未饱和的外部市场，短期内同质产业规模集聚将有一定优势；而一旦外部市场需求产生变化，同质化的产业类型将为地区内部产业带来严重的竞争甚至毁灭性的打击，使得地区发展难以为继。

2. 群众收入陷入瓶颈

对李庄新城的调查问卷展开进一步分析，从社会经济角度研究滩区群众经济收入低的调查结果。

受访者的月收入来源近四成集中于农业耕种收入，另有近半数来源于上班或打工；

受访者整体月收入水平普遍集中于 1000 ~ 3000 元，占比超过半数（图 3.66），相比于 2017 年河南省城镇就业人员分行业年平均工资（表 3.12），受访者收入与各行业总计收入相比尚存一定差距，反映出新乡市黄河滩区的居民收入水准极低。

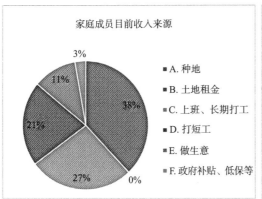
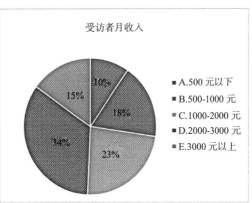

图 3.66　李庄安置居民收入来源及水平

2017 年河南省城镇就业人员分行业年平均工资（单位：元）　　　　　表 3.12

单位性质	非私营单位就业人员		私营单位就业人员	
收入类型	年收入	月均收入	年收入	月均收入
各行业平均收入	55495	4625	36730	3061
农、林、牧、渔业	40990	3416	28690	2391

注：数据来源：河南省统计局。

调查问卷的结果显示，产业发展水平低带来的本地就业不足与人口受教育程度低，构成影响滩区群众经济收入的主要因素。

产业方面，超过四分之三的受访者表示乡镇建有服装厂等企业，但就业人数极少；就业方面，调查中 85% 受访者是农业劳动者，从业类型极其单一（图 3.67）；从业类型的单一反应出来地方产业类型单一的问题。

零散种植，不成规模是问卷反映出的农业活动特点，同时反映出资金与门路是产业发展的主要制约因素。农业占据滩区的主要产业形式，以受访者为代表的新乡市黄河滩区群众普遍以小农经济为主，家庭经济来源中不存在土地租金收入；高达 82% 的受访者表示自家土地以自己耕种的形式使用，土地流转、规模经营尚未得到实施（图 3.68）。面对收入瓶颈的制约因素，受访者认为没有资金、缺乏门路是主要因素，缺乏技术是次要因素。同样，对于希望在就业方面获取的帮助，受访者的首要选项是帮助联系就业岗位与贷款，其次是提供技术培训与就业信息（图 3.69）。可见，除资金与门路的限制外，职业技术与就业信息同样限制了地方居民的收入，此方面与人口受教育年限、受教育水平息息相关。

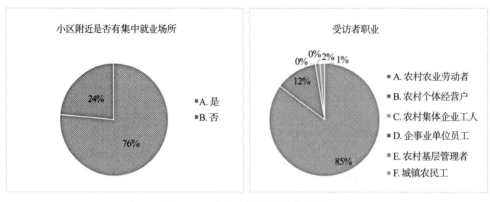

图 3.67　李庄安置居民就业状况

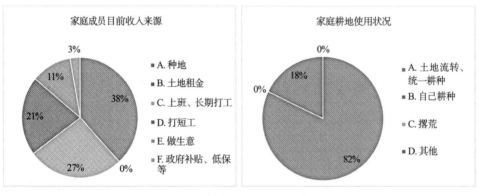

图 3.68　李庄安置居民收入来源

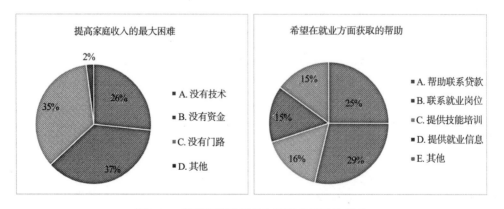

图 3.69　李庄安置居民收入提升的困难和需求

受访者文化程度最高仅专科水准，未有受访者具备大学及大学以上学历，初中学历者占多数、超过四成，高中学历者超过三成（图 3.70）；若将小学及以下学历者按照受教育 6 年计算，则受访者平均受教育年限为 9.36 年。据中国教育新闻网报道，《中国劳动力动态调查：2017 年报告》显示：我国劳动力的受教育年限平均为 9.02 年，其中最高受教育水平为"初中"的劳动力具有最高的失业率统计值（刘盾，2017）。可见，李庄镇居民的受教育程度目前略好于国家平均水准，但占比四成的初中教育水平居民，属于失业率高风险人群；另外高等教育普及度极低，同时居民反映技术束缚影响了其就业和收入，未来社会教育尚需进一步普及与完善。

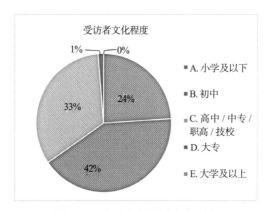

图 3.70　李庄安置居民文化程度

李庄镇的调研在一定程度上反映出新乡市黄河滩区居民收入瓶颈的限制因素。不难发现，土地流转、集体运营、规模生产，是有可能提高农民收益、减少分散耕作风险的一大途径；但提高滩区群众的受教育程度、激发群众多种就业思维，进而引发地区居民主动寻求产业错位发展的动力、促进地区人民形成具有适应性的产业发展与自身就业思路，才是有可能促进滩区发展的根本途径。

3. 小结：滩区产业薄弱且同质竞争严重

滩区历来的洪水隐患，带来了滩内的经济发展滞后、产业层级单一的衍生影响，并且其影响震荡至今、尚未得到根本性改善；外加滩区农业种植方式落后，农产品深加工产业链条不完整，经济效益低。

并且新乡市黄河滩区产业与周边地区呈现严重的竞争关系、自身内部产业特色缺失。同质化的产业类型在长期的发展中将为地区产业带来毁灭性的打击，使得地区发展难以为继。而具有地区代表性的绿色生态、文化景观等发展机遇尚未得到重视（表 3.13）。

与此同时，低水平的产业层次、普遍偏低的地方人口受教育程度则产生了更深层次的影响，多年来持续限制着地区人民对自身所处产业环境与就业环境的适应性，构成限制滩区群众经济收入的主要因素。

生产空间经济韧性不足因素归纳　　　　　　　　　　　　　　　表 3.13

扰动与冲击来源	扰动与冲击描述		经济韧性不足方面
产业发展水平低	产业基础薄弱		多样性 联结性
	产业类型单一		
	外部竞争激烈		
	内部产业特色缺失	产业同质化严重	
		文化附加值未发挥	
群众收入瓶颈	本地就业不足		适应性
	人口受教育程度低		

七、研究地段韧性分析与评价梳理

1. 新乡市黄河滩区韧性不足因素梳理

新乡市黄河滩区的韧性分析与评价显示，目前新乡市黄河滩区作为黄河行洪职能与居民生产生活职能叠加的特殊地带，其水患威胁逐步可控但风险犹存。与此同时，研究地段具有生态环境优越但系统脆弱、文化丰富但社区涣散、产业薄弱且同质竞争严重的特征。

以上地段特征，表现出了各类滩区职能空间在特定韧性表征上的不足。工程安全空间鲁棒性、高效性的不足，具体表现在两方面：第一，水患威胁下滩区仍存隐患点；第二，道路密度不足、等级偏低、区域连通性不足，造成出滩撤离时间紧迫。生态空间的冗余性不足，具体表现在两方面：第一，滩涂湿地结构破碎、保护范围难以落实造成的自然保留地冗余性下降；第二，局部地段生态安全格局存在脆弱点造成的研究地段冗余结构失衡。生活空间鲁棒性、多样性、灵活性不足，具体表现在三方面：第一，现行规划确立的居民点布局尚不能完全满足防洪避险需求，无法保障居民点的鲁棒性；第二，公共服务设施用地规模少、类型不充分，削弱了地段公共服务方面的多样性、灵活性；第三，地方文化内涵对生活空间灵活形态的塑造作用未显现。生产空间的多样性、联结性、适应性不足，具体表现在两方面：第一，产业基础薄弱、产业类型单一的低水平产业发展现状，难以满足产业多样性特征，外部竞争激烈、内部产业特色缺失的产业发展窘境，反映出地段与周边地区在产业辐射、信息交换等方面的联结性不佳的问题；第二，本地就业不足、人口受教育程度低，使得群众收入陷入瓶颈，面对自身所处环境，当地群众缺乏适应性的产业发展与自身就业思路（表 3.14）。

研究范围韧性不足因素汇总　　　　　　　　　　　　　表 3.14

滩区职能空间	扰动与冲击来源	扰动与冲击描述		韧性表征不足方面
工程安全空间	水患防御	水患仍存威胁	"二级悬河"威胁堤防	鲁棒性
			中小型洪水历时长	
			洪流游荡性依然很强	
			洪水预见期短	
		滩区仍存隐患点		
	交通设施	出滩时间紧迫		高效性、鲁棒性
		道路密度不足、等级偏低		
		区域连通性不足		
生态空间	自然保留地	滩涂湿地结构破碎	湿地规模缩减	冗余性
			滩涂遭到占用	
		保护范围难以落实		
	生态安全格局	土壤水文基本条件	部分地段呈沙质土壤	冗余性
			水资源分布不均衡	
		局部地段生态安全格局存在脆弱点		
生活空间	居民点布局方面	现行规划确立的居民点布局尚不能完全满足防洪避险需求		鲁棒性
	公共服务方面	公共服务设施用地规模少		多样性、灵活性
		公共服务设施类型不充分		
	社会文化方面	社会文化对生活空间引导作用未显现		灵活性
生产空间	产业发展水平低	产业基础薄弱		多样性 联结性
		产业类型单一		
		外部竞争激烈		
	内部产业特色缺失	产业同质化严重		
		文化附加值未发挥		
	群众收入瓶颈	本地就业不足		适应性
		人口受教育程度低		

2. 地段特征规律分析

毫无疑问，研究范围面临的最大发展限制因素本质上来源于黄河水患的威胁，同时不排除来自市场、社会等其他方面的扰动因素。就本书关注的"空间"领域而言，紧邻黄河主槽的特殊空间条件与地段优良的生态环境、特色的文化资源存在耦合关系；另一方面，特殊空间条件带来的水患威胁与地段的经济生产、社会生活存在矛盾。

1）特殊空间条件与优良生态环境的耦合关系

滩区本身属于黄河河道的组成部分，研究范围内大部分地段不适合工业布局，广阔的滩区受到的污染相对滩外更少，自然环境优良。历史上频发的水患，在黄河主槽沿线和滩区低洼地段形成了众多湿地空间，为多种动植物，尤其是众多种类的候鸟，提供了适宜栖息的滩涂环境。

特殊空间条件带来较轻的污染与丰富的生物多样性，为新乡市黄河滩区造就了优良的生态环境。

2）特殊空间条件与特色文化资源的耦合关系

滩区与黄河具有密不可分的关系，是流淌千百年的黄河在滩区留下了丰富灿烂的文化资源。黄河的壮丽风光是滩区独树一帜的自然风景资源。再者，遍布滩区的各类黄河堤防、漕工本身就极具文化代表性，是千百年来劳动人民与黄河共进退的直观体现。

地段紧邻黄河主槽，一些节点性位置历来属于兵家必争之地，是黄池会盟、官渡之战、陈桥兵变等多个历史事件的发生地；黄河为滩区的中原文化提供了空间条件。

3）水患威胁与生产发展之间的矛盾

（1）历史水患造成产业基础薄弱

产业发展与洪水防范之间存在矛盾。黄河水患是新乡市黄河滩区不可回避的难题。传统规划思想中，滩区属于河道范围，不适宜长期居住和生产，因而该类地段的发展不受重视。但在我国中原地带人口密集、人均耕地少的大背景下，中原腹地的广阔土地都是拥有其自身价值的。面对行洪需求，滩区第二产业的发展受到限制，同时适合滩区种植的作物种类极为有限；广阔的滩区土地具备的多种利用机会受到水患因素的限制。

（2）水患衍生威胁造成现阶段发展窘境

在多因素的限制下，滩区乡镇多选择第一产业与第三产业结合发展的路径。滩区乡镇在谋求发展中仅把自身看作一般性乡村区域，尚未抓住黄河文化这一核心价值，普遍出现项目起步水准低、产品吸引力弱的问题。受到历史水患威胁"余震"的影响，滩区群众在看待黄河时，可能重点关注黄河水患带来的安全威胁、而轻视甚至忽略了黄河的景观优势与文化价值。水患带来的衍生问题，加重了滩区"沿黄不见水"的发展窘境。

4）水患威胁与生活改善之间的矛盾

（1）历史水患造成居住环境破败

历史上无法预测的洪水威胁使得滩区居民点屡建屡废，造成滩区生活空间破败、城乡基础设施建设薄弱。新乡市黄河滩区的交通条件也始终无法得到稳固发展与建设。堤坝作为黄河的边界，高起地面数米，是洪水的生命防线，也造成了滩区内外的空间阻隔。目前滩区内交通层级低、滩区进出不便，交通落后成为阻隔滩区发展的一大问题。同理，滩区各乡镇、村庄的公共服务设施配套同样不足。

（2）现阶段存在改善居住条件的惰性

在长期的水患威胁下，当传统规划以"迁"为远期目标时，滩区居民点被看作迟早都将被完全外迁的区域，一切发展最终都将夷平，使得滩区现阶段发展不被看好。在公共服务配套设施建设过程中，针对滩区谋划的建设项目，绝大多数因不能通过前期的审批和评估而无法申报落地，对滩区财力、物力的投入十分有限，滩区的发展多年停滞。现在滩区居民生活条件长期难以改善，社区吸引力弱，水患威胁在滩区形成了系列衍生问题。

在短时间无法满足滩区居民全部外迁安置的情况下，滩区处于"半弃置"状态，滩区居民对家园前途也无明确愿景，在一定程度上消极等待安置，对家园建设失去热情；老宅弃置、择址粗糙建设新宅现象普遍，"空心村"频繁出现在滩区。滩区聚落形成土地利用粗放、规模扩张无序的低效蔓延的趋势。

地段特征规律分析显示，新乡市黄河滩区与黄河的关系紧密，但在黄河水患逐步趋于可控、研究地段面临发展机遇的时期，地方韧性分析与评价反映出人们普遍对黄河尚存畏惧心理。人们时刻关注"黄河"带来的水患威胁，以及产生的产业薄弱、发展滞后的衍生危害；却往往忽略了"黄河"同样为地段带来优良的生态资源、丰厚的文化内涵。

第4章　滩区空间结构的优化与支撑

当空间受到某方面"扰动"时，具备"韧性"的空间将发挥这方面的"韧性表征"以应对"扰动"。以下将对各类空间应对"扰动"时的"韧性表征"进行梳理，形成不同类型空间的"韧性发展理念"。

经过对前人研究与实践的总结，依据城市韧性的主要内涵，就滩区空间而言，工程安全空间将主要通过坚固高效的理念增加系统可靠性，生态空间将主要通过结构冗余的理念增强系统稳定性，生活空间将主要通过灵活丰富的理念适应滩区特征，生产空间将主要通过多样联结的理念发挥资源优势，以求共同促进滩区空间系统在应对偶发性外部扰动时发挥系统自身潜能、在面对发展机遇时获得改善。以下将结合韧性城市表征梳理滩区空间发展理念。

本章将依据上文对研究地段韧性不足的方面与具体表现形式的分析，从工程安全空间、生态空间、生活空间、生产空间共4个滩区职能空间类型，应用韧性城市规划的情景预测思路，展开提高滩区应对外部扰动能力的空间韧性优化策略的讨论。本章提出以巩固工程安全为前提、再造结构冗余的生态空间、营造丰富灵活的生活空间、构造多样联系的生产空间的四条一级策略，下设十一项二级策略，共同提升研究范围内空间的韧性（图4.1）。

本书构建地段空间优化策略体系的中心思想，是增加研究范围的"系统韧性"。研究思路是以现状韧性不足的具体方面为入手点、依据空间功能类型预判未来研究地段面临的潜在风险，提出空间应对策略。需要说明的是，各条一级策略提及的关键词是以该性质的提升为主导，从而针对该类空间的韧性提升形成主要手段和措施，协同系统的韧性的整体提升；本书并不否认各策略可能同时增强系统的多种韧性表征；只是针对新乡市黄河滩区这一案例地段的各类功能空间，系统韧性的提升效果将依据空间职能特征而有所偏重。比如在本书中，工程安全空间的鲁棒性、高效性更受关注；生态空间的冗余性更受关注；生活空间的形态多样性、灵活性更受关注；生产空间的联结性、多样性、适应性更受关注。

韧性理论将城乡空间系统看作一个整体，每一类空间内的韧性特征始终是相互关

空间类型	结构优化策略	空间发展支撑体系	得以强化的韧性表征
工程安全基础	以坚固高效的工程安全为前提	满足高效撤退原则的道路交通布局	联结性、高效性、鲁棒性
		实施灵活高效的道路附属阻洪措施	鲁棒性、灵活性
生态空间	再造结构冗余的生态空间	强化滩区生态空间的串联结构	局部地段的冗余性
		增加滩区生态系统的并联结构	系统整体结构的冗余性
		扩展局部空间结构的冗余层次	斑块之间的冗余性、多样性
生活空间	营造丰富灵活的生活空间	丰富生活空间形态满足多元需求	多样性、灵活性
		以点带面促进生活服务灵活布局	高效性、联结性
		灵活发挥文化优势促进社区认同	灵活性、多样性
生产空间	构造多样联系的生产空间	结合水患等级的生产空间复合利用	多样性、灵活性
		布局沿黄河流向多样化的产业分工	适应性、多样性
		拓展滩区内外联动的产业辐射路径	联结性、高效性

图 4.1　各类功能空间的韧性策略框架（图片来源：作者绘制）

联的。本书期待通过空间优化策略体系的构建，从多方面特征角度共同完善新乡市黄河滩区空间系统韧性，促进系统在外部扰动中发挥恢复、创新、转化能力，保持其动态平衡的发展趋势。

一、工程安全

（一）工程安全空间的坚固高效理念

面对水患威胁的扰动，城市工程韧性内涵将指导滩区工程安全空间更有效地应对扰动。鲁棒性（Robustness，又称坚固性）和快速性（Rapidity，又称高效性）作为城市工程韧性的主要特征受到普遍认同（Bruneau M.、Stephanie E. C. et al.，2003；MCEER，2005）。

一方面，鲁棒性是工程安全空间具备安全前提的保障。城市韧性的鲁棒性表征显示，城乡空间应在外部冲击发生过程中，具体评估地段建成环境抗物理破坏能力，掌握当前系统的强度（黄晓军、黄馨，2015），明确地段脆弱点与抗冲击极限，并依据潜在冲击的强度做相应的硬件准备。

另一方面，滩区的工程空间系统应具备高效快速、紧密便捷的联络调度体系。在加强空间系统韧性方面，其在空间系统内部和空间系统外部均有重要价值。对内，面临扰动和冲击，高效的联结体系将空间系统内部各结构单元、功能空间有效联系，实现灵活的应对与快速的调动。对外，空间系统自身与周边系统、外部环境产生紧密而高效的联络关系，将使得空间系统本身能够快速、准确感知外部的变化与潜在冲击，为自身积极应对变化提供依据；又使得空间系统在更大范围内判断自身价值，发挥独特作用，与外部环境和周边系统同步发展。

（二）以坚固高效的工程安全为前提

黄河滩区作为行洪空间，行洪功能与滩区居民的生产、生活空间交叠，滩区防洪安全是该地段谋求发展的基本前提。通过前文现状情况的研究已经明确，当前新乡市黄河滩区水患逐步可控但风险犹存，因而本节重点就应对水患风险的空间优化策略展开探究。

《新乡市 2017 年黄河防洪预案》指出：新乡市滩区护村堤已经可防御 6000m³/s 流量级以下洪水；小浪底水库在防控 10000m³/s 流量级以上洪水中发挥主要作用；因而，未来滩区防范重点是 6000 ~ 10000m³/s 流量级的洪水。

本节内容中，重点关注研究地段中物质空间建设的鲁棒性、城乡空间结构布局的联结性和高效性、防洪措施的灵活性。结合滩区道路交通条件的完善而实施韧性阻洪措施；引导滩区形成面对 10000m³/s 流量级以下的中小型洪水可防、面对 10000m³/s 流量级以上的大型洪水可撤的基本安全局面。

仇保兴在 2018 年城市发展与规划大会中指出："传统的城市防灾思维企图营造一个巨大的'拦水坝'，希望把各种风险和扰动都拦在城市外面，这不仅是巨大的浪费，有时还会造成新的脆弱性。"同时，有研究者提出，单纯以堤防设施拦截洪水的做法无异于把灾害推迟，随着风险的不断积累，系统将面临更严重的灾害（Etkin D.，1999；Mileti D. S.，1999；廖桂贤、林贺佳等，2015），是削弱城市韧性的做法。可见，工程防控措施在保障鲁棒性（坚固性）的前提下，依然存在防灾阈值。

1. 满足高效撤退原则的道路交通布局

合理的路网布局，将增强地段与外界的联结性。在城乡系统局部受到外界冲击影响的情况下，畅达的道路体系一方面为及时调动系统内资源提供保障，另一方面为局部群众的快速撤离提供基础条件。在城乡发展中，畅达的道路体系可为区域合作提供有效的物质运输通廊。

技术方法上，通过 Arc GIS 软件的网络分析功能进行服务区分析，计算现状撤退道路在安全撤离时间内的有效覆盖范围，发掘覆盖面盲区，并补充相关撤离道路。改善后的路网体系一方面实现道路的安全撤离功能，另一方面增强道路的日常性生活服务、生产服务功能。

1）结合当前路网不足与现行规划的路网布局优化

研究依据各区县、乡镇的现行规划要求，结合对新乡市各沿黄区县的现场沟通、实地调查中获得的反馈信息，综合各区县提出的滩区交通条件改善需求。在统揽各区县的道路网络体系规划的基础上，本书关注当前交通条件下的撤离覆盖盲区，强调打通相邻区县间的断点道路，形成完整的滩区道路交通网络系统。

研究提出，一方面提升现有出入滩区道路等级与质量，现状乡村道路提升至县道 6 段，现状村道提升至乡道 25 条；另一方面加密出入滩区的路网布局，新增加 8 条道路（图 4.2）。

在绵延 153km 的新乡市滩区内，出入滩区的主路数量从当前的 10 条增加至 35 条，道路平均间距从 15.3km 缩短至 4.35km，有效增强滩区内外交通联系（图 4.3）。平行于黄河流向的道路，从当前的局部断点的 1 条主路，增设至 3 条，便于紧急情况下，内部物资转运与分配，改善了滩区内部交通结构。

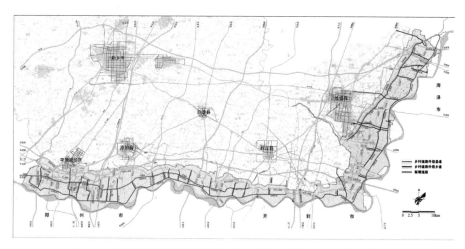

图 4.2　新乡市黄河滩区道路提升分析图（图片来源：作者绘制）

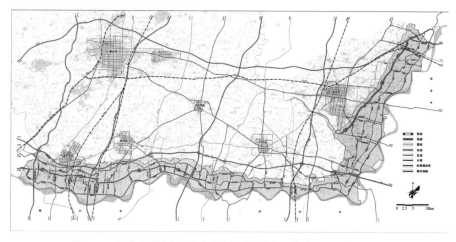

图 4.3　新乡市黄河滩区道路交通规划（图片来源：作者绘制）

滩区现状道路沿途串联多处居民点，对现状主要道路的升级，为居民点的安全撤离提供基础服务的同时，更是为居民点的经济社会发展提供对外联络的便捷渠道，实现平灾结合。另有研究中新增的道路，普遍采取沿居民点外围经过，在道路两侧挂靠现状居民点，并在道路尽头连接黄河控导工程或者文化、休闲景点；这样一来，既改善了现状居民点出入滩区的难题，又促进道路发挥滩区经济走廊功能，为滩区发展滨水文化休闲活动创造基础设施条件。

2）改善后道路交通条件下的出滩时间验证

经过以上出入滩区道路的完善，99.76%的滩区现状居民点实现15分钟撤退范围完全覆盖（图4.4）。从图中分析可得，按照研究路网计算，现有居民点中，有172处村庄实现了5分钟出滩，覆盖现状人口224165人；另有205个村庄实现了10分钟出滩，覆盖现状人口284956人；另有46个村庄实现了15分钟出滩，覆盖现状人口63476人。实现新乡市黄河滩区安全撤离路线网络体系的加密与等级的提高。

关注尚未达到15分钟撤离覆盖范围的长垣县恼里镇杨庄村，该村位于长垣县南部辖区边缘，村北目前修筑了笔直的村道，当前撤离时间17分钟。因未达到15分钟的撤离覆盖范围，无法满足往返两程的撤离时间，该村在未来的水患防范与撤离安排时，应更加受到重视。

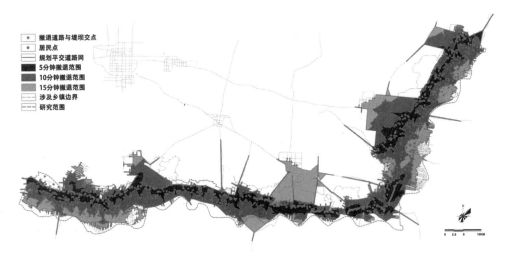

图4.4 研究完善后滩区道路体系5分钟、10分钟、15分钟撤离时间覆盖范围（图片来源：作者绘制）

2. 实施灵活高效的道路附属阻洪措施

在滩区以往的堤防工程建设中，堤坝兼顾交通功能的先例并不鲜见；例如当前的黄河主堤——"临黄堤"，在具备防洪功能的同时，也发挥着滩区道路交通的职能。在广阔的新乡市黄河滩区内，这种发挥某一设施的多样性功能的工程方式不仅能节约土

地资源和基础设施建设成本，同时具有"平灾结合"的特点，更有利于发挥设施建设
的最大价值，值得在滩区进一步发扬。

研究范围内道路体系的完善，将在滩区形成多条平行于黄河的连贯线性系统。
在空间布局与连贯性方面，各条平行于黄河的道路有机会兼顾不同等级防洪堤坝的
职能。

1）制定与道路体系结合的滩区防洪等级提升计划

经过改善的滩区内部交通结构，平行于黄河流向的道路数量得以增加、线型得以
贯通。在发挥交通运输功能的同时，本书提出增设高度可变的沿路阻洪设施，拓展道
路的阻洪功能。

本书基于滩区的宽阔程度，将新乡市黄河滩区划分为 4 个区段（表 4.1）。当前滩
区整体在控导工程一线可防御花园口 5000m³/s 流量级洪水；幸福渠一线、长垣县贯孟
堤一线当前可防御花园口 8000m³/s 流量级洪水；黄河主堤当前可防御花园口 22000m³/s
流量级洪水。

新乡市黄河滩区研究区段划分及相关信息　　　　　　　　　　　　表 4.1

区段	河道断面范围	所涉及行政辖区	地形特征	现有防洪工程
西部滩区	花园口－柳园口	平原新区所辖滩区、原阳县所辖滩区、封丘县荆隆宫乡所辖滩区	滩区宽阔、地势高企	控导工程一线当前可防御花园口 5000m³/s 流量级洪水； 幸福渠一线当前可防御花园口 8000m³/s 流量级洪水； 黄河主堤当前可防御花园口 22000m³/s 流量级洪水
中部滩区	柳园口－夹河滩	封丘县陈桥镇、曹岗镇、李庄镇所辖滩区	滩区狭长、地势低洼	控导工程一线当前可防御花园口 5000m³/s 流量级洪水； 黄河主堤当前可防御花园口 22000m³/s 流量级洪水
中东部滩区	夹河滩－石头庄	封丘县尹岗乡、长垣县恼里镇、魏庄办事处、芦岗乡所辖滩区	滩区宽阔、地势高企	控导工程一线当前可防御花园口 5000m³/s 流量级洪水； 封丘县贯孟堤当前可防御花园口 22000m³/s 流量级洪水； 长垣县贯孟堤当前可防御花园口 8000m³/s 流量级洪水； 黄河主堤当前可防御花园口 22000m³/s 流量级洪水
东北部滩区	石头庄－青庄	长垣县芦岗乡、苗寨镇、武邱乡所辖滩区	滩区宽阔、地势起伏	控导工程一线当前可防御花园口 5000m³/s 流量级洪水； 黄河主堤当前可防御花园口 22000m³/s 流量级洪水

注：数据来源：作者整理。

西部滩区宽阔，研究提出形成三条穿滩主路。以现有控导工程为基础，建设滨水"沿黄西路"；与黄河大堤堤顶路、幸福渠路共同形成滩区"西部三横"道路体系。以上各条位于新乡市西部滩区的主要穿滩道路，宜建设坚固耐水的路基，从水岸至黄河大堤，在现有防洪等级上做一定提升，分别承担西部滩区内，6000m³/s、10000m³/s、22000m³/s 流量水位的拦蓄任务。

中部滩区狭长，研究提出宜形成两条穿滩主路。沿黄西路东向延伸至陈桥镇转北与S219 会合；于陈桥镇至曹岗险工之间，局部与黄河大堤堤顶路合并；另于曹岗险工向东延长，至贯台控导工程形成沿黄中路。沿黄西路—沿黄中路、黄河大堤堤顶路共同形成"中部两横"道路体系；由于沿黄中路地处新乡市黄河湿地鸟类国家级自然保护区范围，不宜修筑过高的阻水工程设施而改变当前滩涂规模，因而该段在滩区居民迁建的前提下，延续黄河大堤 22000m³/s 流量水位的拦蓄任务。

中东部拟连接控导工程形成沿黄东路、加固贯孟堤堤顶路、新筑天然文岩渠右堤路，与马高线、太行堤堤顶路共同形成平行黄河的五条主路。在封丘县内沿黄东路、贯孟堤设定承担 6000m³/s、22000m³/s 流量水位的拦蓄任务。另结合研究现场踏勘中获取的地方政府工作者反馈的近期工作计划——未来将把长垣县 S310 辅线路面标高提升至可防御 10000m³/s 流量水位，以提升新乡市黄河倒灌区的洪泛防御等级；因而研究设定未来沿黄东路、贯孟堤—S310 辅线在现有防洪等级上做一定提升，在长垣县内承担 6000m³/s、10000m³/s 流量水位的拦蓄任务，临黄堤保持 22000m³/s 流量水位的拦蓄等级。

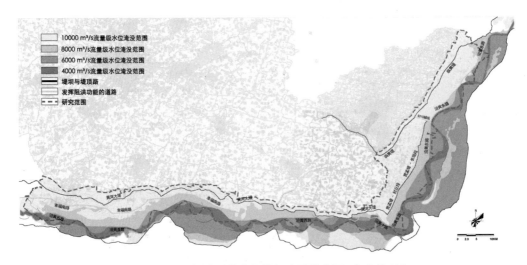

图 4.5　研究提升后的水位等级（图片来源：作者绘制）

东北部滩区内，贯孟堤将止于长垣县芦岗乡 S310 省道。该区段连接控导工程形成沿黄东路、新筑天然文岩渠右堤路，与马高线、太行堤堤顶路共同形成平行黄河的四条主路。研究设定以沿黄东路、太行堤分别承担 6000m³/s、22000m³/s 流量水位的拦蓄任务（图 4.5）。

结合未来滩区道路形成的预期防洪安全格局，一方面为滩区居民点的"迁与留"问题提供基本依据，另一方面为滩区产业提升与合理布局提供基础条件。

2）设置灵活的路侧阻洪设施

各区段结合防水堤坝功能的道路，常规情况下往往需要在现有局部堤坝或道路的基础上经过串接、加固、增高而形成完整的体系。面对改造升级的需求，加固现有路基与堤坝、提高工程设施鲁棒性的同时，宜在公路临河一侧设置可升降的挡水墙代替加高堤坝或路基，发挥灵活的防洪挡水作用。仇保兴（2018）认为，与其投入大量资源一味地加高防洪堤，不如转变思路设置升降式的防洪墙。毕竟，地段每年遇到的洪水不固定，偶尔出现百年一遇的情况下，一味加高的方式反而降低了资源使用效率，又在某种程度上影响水岸景观视野。仇保兴（2018）进一步说明，在平原地区，50 年一遇的洪水与 200 年一遇的洪水平均落差也就在 1m 左右甚至更少，升降式防洪墙将有机会在滩区引入使用。

依据本书设定的防洪堤等目标，新乡市滩区需要将当前防洪能力为 5000m³/s 流量水位的控导工程一线提升至 6000m³/s 流量水位，并将当前防洪能力为 8000m³/s 流量水位的幸福渠一线、长垣县贯孟堤提升至 10000m³/s 流量水位。

当我们进一步查阅、研究新乡市黄河滩区 8000m³/s、10000m³/s 的流量等级下各控制站的水位差值，可见其水位差最高在 0.51m（表 4.2）；新乡市黄河滩区 5000m³/s、6000m³/s 的流量等级下各控制站的水位差值最高在 0.57m（表 4.3）。

新乡市黄河滩区典型断面 8000m³/s、10000m³/s 的流量水位差值　　表 4.2

控制站名	花园口站为下列流量时各控制站水位（m·大沽）		水位差值（m）
	8000m³/s	10000m³/s	
花园口	94.02	94.3	0.28
赵口	88.92	89.26	0.34
柳园口	81.57	82.01	0.44
夹河滩	77.04	77.55	0.51
石头庄	68.52	68.84	0.32

注：数据来源：新乡市黄河河务局《2017 年河南黄河河道排洪能力计算成果表》。

新乡市黄河滩区东北部典型断面 5000m³/s、6000m³/s 的流量水位差值　　表 4.3

控制站名	花园口站为下列流量时各控制站水位（m·大沽）		水位差值（m）
	5000m³/s	6000m³/s	
花园口	92.89	93.42	0.53
赵口	87.76	88.27	0.51
柳园口	80.39	80.86	0.47
夹河滩	75.88	76.37	0.49
石头庄	67.69	68.06	0.37
青庄	63.12	63.69	0.57

注：数据来源：新乡市黄河河务局《2017 年河南黄河河道排洪能力计算成果表》。

　　基于以上水位差值研究，对于现状防控等级与研究提出的防控目标之间，两级水位的最大差值分别是 0.51m 与 0.57m。那么，预留一定的冗余量前提下，欲提高防洪等级的穿滩道路可设置 0.6m 高的防洪墙，来抵御偶发性洪水的威胁；对于具体地段，可依据当地适当的水位差值，适当降低防洪墙高度，实行更为经济的建造方案。防洪墙的加装过程无需加高路基、施工过程不影响当前道路的通行。防洪墙宜设置成可升降式的，可在加固现状路基的基础上加装，既可减小工程量又使常态下景观空间得以显现（图 4.6）。

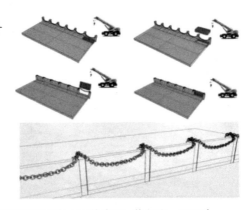

升降式防洪墙设计

洪水来临时：当水位升高时，将防洪墙吊起，垂直卡在立柱当中，并用铁链协助固定。1.5m 的防洪高度可抵挡很多城市二百年一遇的洪水。

图 4.6　升降式防洪墙示意（图片来源：仇保兴，2018）

　　当滩区面临大面积行滞洪需求时，可在群众安全撤离的前提下，降下局部阻洪设施，在局部形成冗余滞洪场所；黄波、马广州等（2013）的研究显示，荷兰已经形成了一套分区滞洪策略——以高度可变的防洪设施进行调控，适时开放一些"围区"发挥滞洪功能。

以韧性城市思想指导的阻洪措施，具有"平灾结合"的特点，功能多样的工程方式不仅能节约土地资源和基础设施建设成本，同时更有利于发挥设施建设的最大价值；灵活可变的阻洪设施，可降低成本、开敞景观、调控洪水。

3. 小结

研究提出以巩固滩区工程安全为前提，增强滩区的鲁棒性特征；提出适应滩区紧急避险的交通体系，增强滩区的联结性、高效性特征；进一步提出结合道路实施韧性阻洪措施，降低研究范围内的水患风险，反映出灵活性特征；同时滩区交通条件的改善，将有机会带动滩区产业职能拓展、公共服务提高，有助于增强滩区的多样性特征。

期待通过以上工程方面的现状评估与策略优化，为研究范围内居民点防洪安全带来有益帮助，并为新乡市黄河滩区的未来发展提供稳固的基础。

二、生态空间

（一）生态空间的结构冗余理念

面对生态环境脆弱方面的扰动，城市生态韧性内涵指出，生态系统应具备一定的缓冲能力，而这种缓冲能力主要依靠空间系统的冗余性实现。

1）冗余理论的起源

冗余（redundancy）的概念与相关理论起源于自动控制系统设计过程，为确保系统的可靠性及正常运转，避免系统内组成构件因损耗或故障导致系统故障或崩溃，需为系统配置一定数量的备用组成构件，即为冗余。

冗余是应对外界随机事件干扰的必备条件，设置充分的冗余有利于维持系统结构及其功能的正常运转。系统构件的组合方式决定了系统的可靠性，具体可分为两种类型——串联系统和并联系统。

在串联系统中，随着接入构件数量的增加，串联系统可靠性降低，且系统中的某个构件一旦出现故障，则整个系统失效。而随着接入构件数量的增加，并联系统的可靠性随之增大，且某个构件受干扰失效不影响其余构件正常运转及发挥作用（李典友，2006）。

采用上述并联的方式提供的备用构件，在可靠性研究中称为冗余（邹珊刚，1986）。因此，建立功能结构上的"并联"关系以期为低可靠性构件提供备用构件，是提高系统可靠性的重要途径。

2）冗余理论的生态学应用

冗余理论于 20 世纪 90 年代被引入生态学领域，最初由澳大利亚籍生态学家沃克

（Walker B. H.，1992）于1992年提出假说，认为为了避免某一物种的灭绝（或缺失）对生态系统造成过大影响，两个（或数个）物种将在生态功能上存在一定程度的重叠。换言之，冗余是避免生态系统功能丧失、提高抗干扰能力的自带保险措施。

此后，众多学者对于冗余理论在生态学范畴的应用进行了更深的探讨。张荣、孙国钧等（2003）指出，对植物或农业生产作物而言，剔除冗余尽管可期待目标物种的产量提高、促进农业生产的经济效益，但这种产量的提高是以牺牲抗扰动能力为代价的，将降低植物或作物对环境的适应能力，甚至生态系统的稳定性。

3）冗余理论的定义

综上所述，冗余在自动控制系统中和生态系统中，都是为系统起到备份和保险作用的，都以增强系统稳定性为目的。作为以提高韧性为目标的生态空间规划理念研究，本书关注的正是在一定程度上保留甚至增加系统冗余。

4）滩区生态空间的结构冗余理念

韧性的空间系统由若干彼此连接、相互支持的单元构成，通过线性排列的空间秩序、有机组合的空间层次所形成的网状空间单元系统（图4.7），共同抵御系统外部的扰动，并且往往具备模块化的组织形式、坚固可靠的结构强度，为系统预留一定的模块化备用设施或场所。

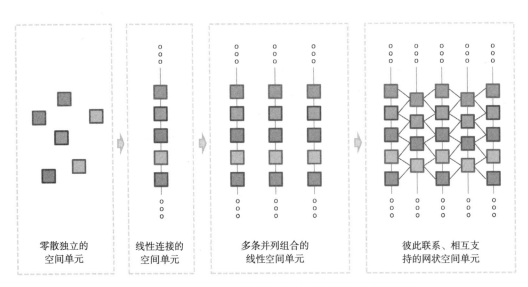

零散独立的空间单元　　线性连接的空间单元　　多条并列组合的线性空间单元　　彼此联系、相互支持的网状空间单元

图 4.7　空间冗余结构概念性示意（图片来源：作者绘制）

空间系统韧性在结构上表现为适当的冗余能够为系统提供备用的重叠模块、发挥缓冲作用，成为空间系统的备用保障。空间系统在应对外界扰动和冲击时，当局部某个空间单元偶发脆弱失效时，其他空间单元能发挥补充作用，确保空间系统整体上在

一段时间内依然维持正常运转。

空间系统冗余结构是对常态化结构的备份与补充，是增加系统可靠性的一种方式。与此同时，在空间尺度有限、尚不满足"冗余结构"的情况下，谋求增强现有系统各组件的强度与稳定性，也有助于增强系统的稳定性。

（二）再造结构冗余的生态空间

在城市的可持续建设发展过程中，良好的天然生态本底条件是地方发展的一大优势，进一步在城乡发展中注重维持生态系统的稳定性将决定地区的可持续发展前景。通过前文分析，当前新乡市黄河滩区生态环境优越但系统脆弱，本节将重点讨论研究范围内的生态空间优化策略，关注如何通过强化滩区生态系统的串联、增加滩区生态系统的并联、增加空间层次上的冗余来构建生态空间的冗余结构，以期增强生态系统稳定性，为地区的可持续发展提供保障。

本节中所提及的"冗余"将以沿黄滩区的生态空间为整体系统，并将从两层面讨论生态系统的冗余结构与合理利用的关系：一是大尺度空间布局的视角下，增加滩区生态空间的并联结构，增强滩区生态系统的稳定性；二是生态斑块尺度上，增加空间层次，利用生物群落的边缘效应（马建章、鲁长虎等，1994），为局部生态系统形成冗余物种提供机会，并探索局部地段复合发挥生态效益与生产职能的利用方式。

1. 强化滩区生态空间的串联结构

当前分布于黄河主槽沿线的湿地生态空间组成了结构较为松散的串联系统。为从实际条件出发增强生态空间串联结构的可靠性，宜进一步评估当前生态空间的基底条件与分布规律；进而以适当的方式扩大组成该结构的各生态斑块的个体规模，强化斑块间彼此联系的紧密程度。从实际出发，谋求强化滩区生态空间的串联结构的稳定性。

以退耕还滩的方式恢复滨水湿地连贯性，减少污染物排放，恢复滩涂湿地。将一片片滩涂湿地视为组成系统的"组件"，使原本各自为战的滩涂湿地斑块连接成线，初步构成"串联"的滩涂生态系统。

①强化自然湿地保护，天然湿地是发挥湿地生态系统服务功能的重要区域，研究提出以湿地保护工程的方式，加强对湿地水源、湿地植物、湿地动物的保护管理，严控人为干扰、减少污染物排放。

强化滨水湿地的串联组件的稳定性。进一步推进"退耕还滩"，将滩区低洼的农田恢复为湿地空间，增加"串联"结构的湿地系统宽度（图4.8），增加湿地斑块规模，为更多生态群落提供生存空间，增强生态系统稳定性。

增加支流并联

原状　　　　　　　拓宽滩区缓冲

图 4.8　串联结构强化与并联结构增加（图片来源：作者绘制）

②逐步修复湿地生态系统，研究提出以湿地恢复工程的方式，拓展湿地宽度的同时，引入关键种，建立适于鸟类、鱼类、昆虫及其他野生动物的栖息地，从而恢复湿地的生物多样性，增加系统稳定性。通过分类引导湿地建设，构建沿黄河生境多样、类型丰富的湿地生态空间（图 4.9，表 4.4）。研究通过对现有沿黄湿地的连通、保育、拓宽，期待为母亲河湿地生态保育与区域生态系统稳定性发挥作用。

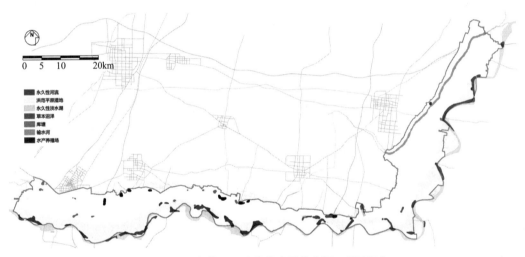

图 4.9　研究范围湿地分类（图片来源：项目组）

研究范围湿地统计　　　　　　　　　　　　　　　　　表 4.4

湿地类型	湿地型	面积（hm²）
河流湿地	永久性河流	4997.65
	洪泛平原湿地	21355.41
湖泊湿地	永久性淡水湖	110.65
沼泽湿地	草本沼泽	606.22
人工湿地	库塘	216.96
	输水河	578.21
	水产养殖场	360.21
合计		28225.32

注：数据来源：项目组。

2. 增加滩区生态空间的并联结构

1）补充滩区生态系统"并联"结构

面对数公里宽阔的新乡市黄河滩区，仅从黄河主槽沿线加强滩区生态系统的保护和串联难以改善研究范围西部"远离主槽"地段的生态系统稳定性。并且当汛期主槽水量加大，沿线湿地遭到淹没后，当前遍布人类活动的滩区难以形成湿地物种的备用栖息地，并且难以形成局部的洪水分流、滞洪场所。

从地理空间角度着眼，研究提出沿现有水网两侧低洼区域，拓展湿地生态系统，枝状延伸至广大滩区空间，形成与黄河主流沿线湿地系统"并联"的湿地冗余空间。在生态效益上与主河槽沿线生态空间形成补充，水漫主河槽沿线湿地的情况下，枝状延伸至"远离主槽"地段的湿地可发挥冗余作用。同时，枝状延伸的湿地空间既可成为汛期滞洪、分洪空间，疏解滩区汛期上滩水流；又可适当截流，使其成为旱季滩区的补充水源，缓解滩区旱季缺水危机。

2）西段柳园引水渠沿线枝状生态冗余结构补充

研究提出，依托越石险工外围相对较宽的空间优势，沿柳园引水渠两侧低洼风沙土地段，连接现状坑塘、沙土地，适当恢复湿地系统。从新乡市西部滩区生态空间结构上构建枝状"并联"结构，未来可在柳园引水渠沿线增加水清草碧的滩内湿地，其效果将主要体现在三方面：第一，完善新乡市西部滩区生态冗余结构，增强滩区湿地生态系统空间结构稳定性；第二，为该段滩区局部空间汛期滞留洪水，减小滩区整体水患威胁；第三，旱季通过湿地蓄水、调水，缓解地段周边农业生产空间用水需求，通过长期渗透补充历年来超采地下水造成的水源紧张局面。

图例：
高安全格局——适宜建设区
中安全格局——限制开发区
低安全格局——禁止建设区
黄河

图 4.10　研究预期生态安全格局示意图（图片来源：作者绘制）

研究从整体布局方面，以区域水网为空间形态基础，提出在研究地段西部柳园引水渠沿线的低洼地段，适当引水形成水田，作为人工湿地系统，形成新乡市黄河滩区西部地段的生态冗余结构。在研究范围内的整体系统上，将于天然文岩渠、柳园引水渠形成一东一西两处滩区"并联"布局的生态冗余结构（图4.10）。

通过以上生态空间并联结构提供的生态冗余空间，在西部地段的整体范围内，生态网络格局从结构上得到加强与紧固。

以地理空间尺度观测，可将本书拟恢复的滩区生态空间分为两类：黄河主槽沿线滩涂空间、滩内低洼地段生态空间。并划分形成各自生态空间保护与利用方式：在黄河主槽滨水岸线恢复自然滩涂，使主河槽沿线滩涂一方面为野生动植物提供栖息地，同时在主河槽岸线兼顾滞留洪水、保堤护岸的功能（湿地中国，2008）；而在滩内低洼地段枝状拓展的滩内人工湿地，以旱地变水田的方式发挥旱涝调蓄、固沙肥土的作用，将使局部农业生产空间发挥更强的生态作用。

3. 扩展局部空间结构的冗余层次

1）边缘效应为群落带来可能的冗余物种

中共十八大以来，习近平总书记从生态文明的宏观视野提出山水林田湖草是一个生命共同体的理念。本书进一步提出协调各生态空间的系统建设，注重刚性保护与韧性发展结合，强化水域、农田、森林三类生态空间的联动，在各类生态空间衔接处形成天然模糊边界，促进物种多样，增强各系统稳定性。

在两种或多种群落边缘的过渡地带，物种的种类和数量具有增加趋势，这种现象被称为生物群落的边缘效应（马建章、鲁长虎等，1994）。在生物群落交叠的位置，物种可自由活动于两种甚至多种群落之间，使其能量供给充足、物质交换充分、信息交流丰富；是群落中物种种类、数量变化最丰富的地方（图4.11）。具有相似生态位的不同物种，将成为生态系统中彼此的"冗余物种"（Walker B. H.，1992），为生态系统的稳定性作出贡献。

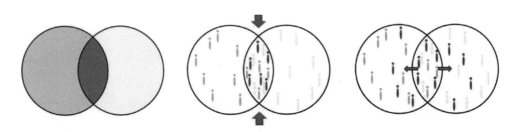

图 4.11　边缘效应生物群落中的物种变化示意（图片来源：作者绘制）

研究拟利用两种生态群落间有可能产生物种数量和种类叠加的机遇增加滩区生物多样性，具体通过多级阶梯式的断面形态（图 4.12），在地势低洼地段，通过对局部地段的挖掘、填充，形成多种深度的池塘、水田，适用于多种水生动植物的生产。

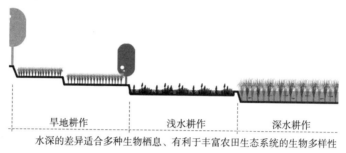

旱地耕作　　　　　浅水耕作　　　　　深水耕作

水深的差异适合多种生物栖息、有利于丰富农田生态系统的生物多样性

图 4.12　农田生态系统的多层级利用示意图（图片来源：作者绘制）

通过构建多级阶梯式的典型断面，在水域湿地群落、农田群落、森林群落之间提供过渡地带，为生态系统边缘效应提供空间基础，也为土地创造多种利用形式。此处提及的土地多种利用形式，具体指依据土地条件的差异，可形成多种农业生产类型。以湿地的形式重新利用当前的低洼易涝的农田空间，将使得该类空间在发挥土地耕作、养殖等经济效益的同时，各级水深差异将适合多种生物栖息，繁荣滩区的物种丰富度，发扬水域空间的生态效益。

2）丰富空间断面层次

韧性城市的灵活性特征表明，为使城乡空间面对外部冲击时做到有的放矢，具体地段宜设置具有针对性的应对策略；并且韧性城市的多样性特征表明，多元的系统组分将有机会产生多种方式来削减系统的外部冲击、适应系统的外部变化。因而，在具体地段上，研究形成引导性的断面改造方案，期待为研究地段内低洼地段的农田更好地发挥生态效益、应对外部扰动提供示范或参考。研究将以上文提及的"补充滩区生态空间并联结构"的原阳县滩区为案例地段（图 4.13），选择蒋庄乡槐林周边区域进行典型断面设计引导（图 4.15）。

依据当前地段条件，案例地段的低洼农田空间宜通过开渠引水、筑坝截水，在断面上形成多级利用的农田湿地复合空间、水岸森林复合空间。研究建议以原阳县双井控导工程为口门，利用当前柳园引水闸的提灌设施与截流设施，口门可有效控制滩内湿地水位。进一步于引水渠两侧形成滩区种养结合区域，经年累月的腐殖质积累，将增强地段的水肥保持力。外围依据现状土地利用形式，形成梯级水田或缓坡林地，可就近利用水塘蓄积的养殖尾水与塘底淤泥，为农田和林地供水肥田，形成地段内的物质交换，改良低洼沙土地的土壤条件（图 4.15）。

对于具体的断面改造而言，建议于当前 20m 宽的引水渠沿线，在不破坏耕作层的情况下，外围设置 0.1 ～ 1.2m 各级深度的作物区，逐步过渡到旱地、林地，一改原本水渠与农田相互隔绝的空间形态，形成水田为主的湿地空间。依据现有低洼地带宽度，结合两侧的农田与林地，水系对周边环境的影响宽度可达 1200m。

水渠外围筑坝形成深度 0.8 ～ 1.2m 的深水耕作区，宽约 50 ～ 60m，种植菱藕等水生作物，并可开展水域养殖，种养结合。深水耕作区外围，设置深度 0.5 ～ 0.8m 的巨型稻耕作区，宽约 60 ～ 120m，通过种植巨型稻（林落，2018）等适合于在较深水层生长的稻作新品种，可结合浅水池塘水产养殖；外侧设置水田，水深可达 0.3 ～ 0.5m，以高秆水稻与浅水水产的种养结合为主；进一步向外围拓展，可过渡至 0.1 ～ 0.3m 深度的普通水田、旱地。

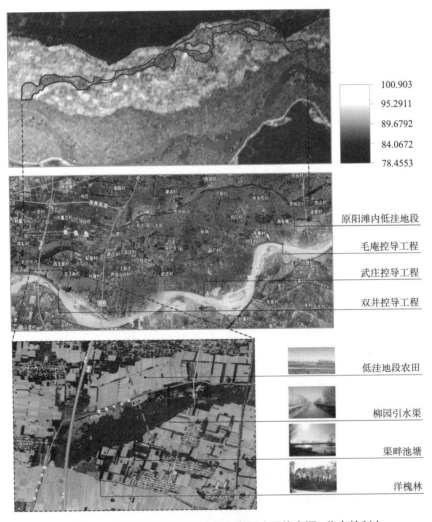

图 4.13　原阳县滩内低洼地段示意图（图片来源：作者绘制）

而对于滨水缓坡林地而言，主要利用现有槐林，进行适当抚育和补植喜湿树种，形成林地与水岸之间的过渡地带。例如，以水杉和湿生植物种植为主，构建"水韵林海"的滨水林地景观，在洋槐林外围适宜种植黄连木、水杉、桧柏、芦苇、二月兰、狼尾草等（图 4.14）。

多层次的水深与渐变的地形，将形成空间交错的多种生态群落，继而将在群落间形成大量过渡地带，为生物群落的"边缘效应"提供场所，增强案例地段的生物多样性，可为滩区生态系统形成潜在的"冗余物种"提供条件。

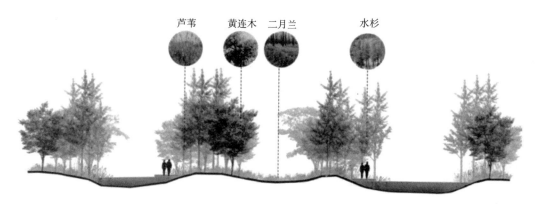

图 4.14　"水韵林海"断面示意图（图片来源：项目组）

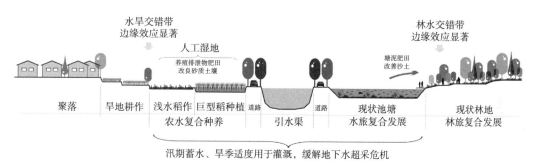

图 4.15　"农 - 水 - 林"复合利用典型断面（图片来源：作者绘制）

在现状地形条件下，通过多层级水田复合利用、滨水缓坡林地休闲游览等方式，促进滩区低洼地带风沙治理、水土保持的同时，既可丰富滩区产业类型，又能利用生态群落的边缘效应增加滩区生物多样性。

以上典型断面结构展示了案例地段农地、林地与各级深度的水域之间过渡地带的营造方式，其空间模式值得在滩内湿地沿线推广与借鉴（图 4.15）。宜依据具体地段的宽度与高程变化特征，构建适当的多级阶梯式的断面形态。

4. 小结

本节从两个层面讨论了生态系统的冗余结构与合理利用的关系：大尺度空间布局的视角与斑块尺度视角。在大尺度空间布局的视角下，本书提出保护并强化水岸生态系统的串联结构、增加滩区生态系统的并联结构，共同增强滩区生态系统的稳定性；在斑块尺度上，研究提出增加空间层次，为局部生态系统形成冗余物种提供机会，并拓展空间复合利用方式，注重发挥多种生态系统之间的边缘效应。

本节从在探索增加生态空间冗余性的同时，为新乡市黄河滩区生态安全格局的优化提出了拓展滩内人工湿地的建议；并以原阳县滩区为案例地段，探索适合于人工湿地的复合种养形式，以多样的断面层级、丰富的产业类型等方式从多样性与灵活性方面增加具体地段的韧性发展机会。

三、生活空间

（一）生活空间的灵活丰富理念

面对水患威胁下滩区生活空间活力丧失、生活服务水平低下等问题，城市社会韧性的内涵有利于指导其更有效地应对扰动。

社会韧性强调系统在外界扰动下，集聚资源，应对挑战的能力（Paton D.、Johnston D.，2001）。并进一步发展为从以往灾害中总结经验、适应潜在风险、完善防灾措施（Subcommittee on Disaster Reduction，2003）。对于黄河滩区生活空间而言，若系统本身具有丰富的空间形态，则有利于发挥各形态空间的特长，面对扰动时可依据空间形态特点总结更加丰富的经验，从而适应潜在风险。

灵活性要求，对于城乡空间的各类潜在风险，具备针对具体地段的应对策略，力争城乡空间面对外部冲击时做到有的放矢。其灵活不仅强调因地制宜的物质空间环境的构建上，进一步还提倡社会机能的灵活组织上（邵亦文、徐江，2015）。

而生活空间的"灵活丰富"，更多关注空间形态的多样、空间策略的灵活。韧性的生活空间系统能呈现出多种样式、多种尺度的形态特征。空间是承载行为活动的场所，多种形态、尺度的空间能激发多样活动的产生。相比于形态单一而均质的空间，形态多样而异质的空间更有助于实现多样需求，从而更为有效地推迟空间的衰败趋势，延续生活空间的繁荣与活力。黄晓军、黄馨（2015）将未经规划的"非正式"空间称为异质空间，认为这类空间因贫困人口集中、公共服务短缺、基础设施薄弱而更易表现出脆弱性，是韧性城市研究关注的重点空间。同时，也正是这类自发的"异质"空间本身具有丰富的形态，更值得选择其中的典型聚落，在增强鲁棒性的基础上，发挥其风貌特色、树立其形态特征，丰富空间系统的形态类型。

在灵活丰富的理念下，生活空间系统在形态上表现为满足空间多功能目标的物质基础。在应对外部变化时，基于多种形态的优势积累丰富经验，并通过灵活的机制，及时提供转换策略。

（二）营造灵活丰富的生活空间

在偶发性水患的影响下，滩区居民点屡建屡毁。长此以往，地方管理的精力与财力往往耗费在滩区安全这一基本生活前提下，甚至来不及满足或改善滩区人民对便捷生活的需求，形成了当前新乡市黄河滩区的生活空间规模无序扩张、群众缺乏归属感、社区涣散的问题。

城市社会韧性研究中，美国国家科学技术委员会（Subcommittee on Disaster Reduction，2003）提出，具备韧性的社会系统或社区，能通过自组织学习从以往灾害中总结经验，适应潜在风险，完善防灾措施。帕顿等（Paton D.、Hill R.，2006）进一步将韧性视为一个过程，其中包含不断学习和进步的过程，来应对各种偶发性灾难，将社会韧性提升到了危机管理策略层面。

以应对扰动为目的的社区自学习过程，在微观的、具体的生活空间中，往往形成多样的原生态的异质空间，这类空间具有丰富的物质空间形态，进而为形成丰富的功能提供可能。但在观察研究范围内整体的生活空间分布规律后则发现：由于研究尺度早已超出单独社区的范畴，若期待在地理空间的宏观层面优化生活空间的布局，并不能单纯依靠社区自发学习的过程达到布局优化的效果，需要通过有目的的规划途径，"自上而下"地引导整体研究范围内布局的优化。

研究范围内历史以来形成的黄河文化、中原文化、民俗文化等文化内涵作为促进社区团结、引领聚落价值观的重要精神内核，是激发沿黄地带形成丰富的异质空间的精神动力；也是形成以吃苦耐劳、敢于探索为核心的地方精神的动力源泉（张有智，2015）。以大浪口传统村落、草坡书画村为代表的新乡市沿黄村落已经开始以文化振兴为抓手、以村落为单位自发寻求发展机遇。

因此，本节将基于前文划定的水患安全格局，总结多种类型的生活空间形态。在前文制定的以防洪安全为前提的居民点安置策略基础上，从宏观角度总结丰富的生活空间形态、完善公共服务配套设施的布局；从微观的具体地段角度拓展社区文化认同，发挥历史以来自发形成的异质空间在未来发展中的多种可能性。综合"自上而下"的规划途径与"自下而上"的自学习过程，提出适当的生活空间优化策略。

1. 丰富生活空间形态满足多元需求

对比本书前文绘制形成的各流量级洪水预期水位线，该预期效果与新乡市既定滩区村落安置计划吻合度极高，其中93%的滩区或倒灌区村落在"外迁安置"与滩区"提高防洪等级"的双重策略下，已满足防御10000m³/s洪水的能力。

另有29村已可抵御8000m³/s洪水，但尚未满足10000m³/s流量级洪水的防御等级，该类居民点主要分布在长垣县武邱乡、苗寨镇、芦岗乡，另有一处位于原阳县蒋庄乡。在上位土地利用规划中，以上地段均以就地安置的形式提升居住条件，新乡市黄河水利委员会已经在苗寨镇高庄村、何吕张村、马野庄村展开滩区就地筑台安置试点，在滩区局地提升防洪等级、形成黄河社区。局部筑台安置的方式，既满足自身安全等级提升、改善生活水平的目的，又为周边地段提供快速避险条件；以上经验值得上述29处未达到10000m³/s流量级洪水防御等级的居民点的安置工作借鉴。面对安置建筑的选型，有学者提出，建筑设计中可使用具有悬空挑高的、使用防水材料的建筑形式，适应于滩区偶发性水患的影响（Guikema S.D., 2009；廖桂贤、林贺佳等，2015）。

本书经过对《新乡市土地利用总体规划（2006-2020）》的研究，认为上位规划确定的用地布局总体合理，当前地方管理者也针对规划的落实开展了一系列有效的补充与修正工作，但未来一段时期内用于进一步落实用地规划的策略尚不具体。本书以落实规划用地意图为目的，在提高防洪等级的策略基础上，结合上位规划提出外迁安置、局地筑台的安置方式，提出居民点安全等级改善策略。

继而，本书以提高防洪等级后拟定的10000m³/s流量级水位线为水患风险等级划分。对于其中地处该水位线以下的高水患风险地段的居民点，本书以排除水患风险、改善居民生活水平为目的提出局地筑台或迁建的措施；对于其中地处该水位线以上的弱水患风险地段的居民点，本书依据其历史文化价值、结合上位规划要求，将其划分为以文化传承为目的的保留居民点、以集约用地和改善居民生活水平为目的的迁建居民点（图4.16）。

滩区居民点共形成筑台、迁建、保留三种改善措施。保留居民点未来将成为乡土文化传承与展示的传统聚落；筑台居民点未来将在村落原址或附近形成新建独立社区；迁建居民点则可依据现实条件、地方规划要求，选择形成新建独立社区安置、乡镇中心区安置、县城周边地区安置的多种可能的居住形式。

综合三种改善措施，依据滩区实际情况，本书提出未来滩区可形成新建独立社区安置、乡镇中心区安置、县城周边地区安置、传统村落整治共计4类可能的居住空间形式。

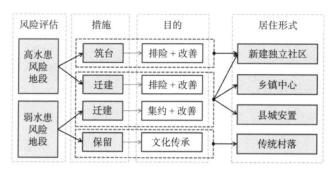

注：高水患风险地段指未达到本书提高防洪等级后拟定的 10000m³/s 流量级水位线的滩区地段；弱水患风险地段指已达到本书提高防洪等级后拟定的 10000m³/s 流量级水位线的滩区或倒灌区地段。

图 4.16　居住空间改善思路示意图（图片来源：作者绘制）

韧性城市的多样性特征表明，若城乡空间的功能、形态具有多种类型，能适应不同种类的使用需求，个别需求减弱的情况下，整体城乡系统的发展不会受到毁灭性影响。韧性城市的灵活性特征表明，对于城乡空间发展过程，具有因地制宜的差异化特色发展路径，城乡建成环境与产业空间，应具有灵活可变的空间使用方式，面对外部市场变化可应运而产生与之匹配的使用新需求。形成多种居住空间形式，在完善居民点有效应对水患风险的安全基础上，有利于发挥空间活力，为滩区多种类型的生产、生活活动提供适当的建成环境，提高滩区在空间形态上的多样性，增强滩区韧性水准。

1）一步到位的县城周边安置

有关县城周边安置的形式，生秀东（2015）认为，县城周边地区具有较完善的公共服务设施与出行条件，是一步到位的安置方式。该形式使滩区居民直接进城，有利于滩区土地的整体流转与规模化耕作；但该居住形式涉及区县内土地置换、人口转移，并非滩区个别乡镇可独立行动的安置方式。

在县城周边安置的形式，以长垣县北部、全域位于滩区的乡镇为主，同时适用于乡镇本身紧邻县城布局、未来将纳入区县中心区发展的乡镇。因此，长垣县武邱乡、苗寨镇、芦岗乡，以及原阳县靳堂乡建议未来以此方式安置。

在产业发展与居民就业形式方面，该类安置适合于整体流转、规模化生产的农业发展形式，外包给适当企业或合作社整体托管。同时，宜在安置区内为搬迁安置居民提供一定数量的社区服务类岗位；另一方面，广泛开展职业培训，拓展安置居民就业面。

2）焕然一新的独立社区安置

新建社区安置的形式，在改善滩区居民居住条件方面具有立竿见影的效果，但新建社区在建设过程中，难免出现建成环境均置呆板的空间印象，并在建设初期形成配套设施不完善的问题。在李庄新城的调研中，居民普遍对搬迁安置后居住满意度较高，表示生活水平显著提升，但在社区公共服务设施、生活收入支出平衡、耕作便捷程度方面还存在不足。在生活配套中，居民对健身器材、养老院（托老所）、文化馆（图书馆）、停车场、菜市场具有较高期望，对电影院等娱乐设施有一定期待；在产业配套设施中，居民对晒场、农具存放处有较高需求。

新建社区安置以李庄新城为典型代表，同时在近期即将实施的荆隆宫乡北港新城、官厂乡的堤北安置点，宜借鉴李庄新城的经验。未来在滩区新建独立社区的过程中，宜依据拟建社区的规模，在安置区建设的同时进行居民生活配套、生产配套设施的建设。

除以上已经起步实施安置的独立社区，另有平原示范区韩董庄镇、原阳县蒋庄乡、陡门乡、长垣县魏庄办事处、芦岗乡等已具有上位规划确定的新建独立社区的用地选址。

在产业发展与居民就业形式方面，新建独立社区就近安置，宜以乡镇或村集体为单位，成立统一农业合作社，对应土地整体流转、规模化生产的农业发展形式，并培养一批职业农民，以高效、专业的方式对集体土地进行耕作，面对偶发性洪水，可提前进行全面的防控与快速的调动；另有安置居民可采取安置区内公共服务设施就业。

3）具备基础的乡镇中心安置

滩区内部分乡镇的乡镇中心区地势相对高企，位于本书提高防洪等级后拟定的10000m³/s流量级水位线以上，另有部分乡镇中心本身位于黄河大堤以外的安全地带。该类乡镇中心地区在小浪底水利工程发挥常规调蓄期间，不会产生漫滩情况，具有中长期持续发展的地理条件，可为本乡镇内迁建居民点提供安置场所。现状乡镇中心区具有一定的公共服务基础，能够提高安置居民生活便捷程度；随着安置居民的迁入，各乡镇中心区的人口扩充，公共服务设施将进一步完善，乡镇中心区的建成环境将整体改善。

该形式适用于中心区地势相对高企的平原示范区桥北乡、韩董庄镇、原阳县蒋庄乡、官厂乡、封丘县尹岗乡、长垣县恼里镇，以及乡镇中心区位于滩外安全地带的原阳县大宾乡、封丘县陈桥镇、曹岗乡。

在产业发展与居民就业形式方面，该类安置适合利用自身土地资源，发展特色种植与多种经营，变单一农业为多种产业；发挥乡镇中心的集聚效应，引领乡镇走上集中力量创特色的路径。

4）彰显特色的传统村落整治

在本书提高防洪等级后拟定的10000m³/s流量级水位线以上滩区地段，尚存在大量具备传统格局、保有文物保护单位、具备文化传承价值的村落。这类传统村落将保留与延续传统黄河沿岸居民建筑的风貌，是沿黄地带黄河文化、民俗文化的重要空间载体，体现着未来研究范围内居住形式的丰富性。

该类村落在研究范围内大部分乡镇均有分布，宜遵循"重点保护，合理保留，局部改造，普遍改善"的方针，既让古代文化保存于现世，也要让部分古代文化遗产产生利用价值，实现真正意义上的可持续发展。

该类居住空间形式是新乡市黄河滩区原住民的"乡愁"载体，宜首先开展村落环境的提升、基础设施的改善，进而引导村庄居民建立文化自豪感，促进村民改善自家居宅条件，主动参与延续传统村落的活态文化展示价值。并加强宣传、提高村落居民文化水平与自身素质，逐渐发展滩区保留村落成为特色民俗文化的原生展示基地、滩区休闲旅游的高品质服务中心，利于村落居民的就业结构调整与人口城镇化发展。

5）提升生活空间的社会韧性

"在发展的模式下再安置"（Bartolome et al.，1999）是国际学者提出的经验。着眼长远，滩区生活空间自下而上的社会韧性提升十分重要。在许多发展中国家，国家安置规划与实施方面的制度能力过强，使社区参与更为必要（Cernea，2000）。基于利益相关方与影响者相互协商，社区参与可以鼓励居民对安置时间、地点、住户选择、房屋设计等事项进行投入，使居民对安置或整治过程有控制感，也可以使社区管理多样化，根据实际情况灵活调整相关措施。

带来灵活性的社区参与也与居民个体韧性的提升密切相关，即个体对瞬时灾害和长期风险的认知、适应能力及优化过程。对于瞬时灾害，水患是家家户户面临的风险因素，通过合理的政策和制度的引导，促进政府、专家团队、社区组织和社区居民共同合作进行社区营造，能够创造自助、互助、公助的社会风尚，建设社区救灾空间，完善社区应对灾害的能力，提升居民对于防灾知识的宣传和灾后自救能力。

对于长期风险，从风险感知、结果预期、自我效能感知、安置意愿到准备行动的全过程风险教育十分重要（Paton and Johnston，2001）。这不仅是外界压力下提高个体风险意识的常规方式，更是一种内源性的自我学习经历，为不可见的长期扰动影响做好准备，如短期失地、失业、贫困、病患、融入不力等。风险教育通过提供频繁的个体接触机会，帮助彼此分享风险适应方面的经验、技能和信息，持续实践应对策略（Lloyd，2015），从而提高社区抵御和恢复干扰影响的能力。

6）小结

出于滩区居民安全考虑，提出 4 种典型安置形态：新建独立社区安置、乡镇中心区安置、县城周边地区安置、传统村落整治。通过丰富的生活空间形态，满足滩区居民自主选择居住形式的需求。各类安置形式内分别讨论了可能的产业与居民就业形式，该方面主要基于城市经济韧性中，良好教育和职业技术培训的人口将有助于城市获得更高的韧性水准。

新乡市黄河滩区当前的安置工作是以区县为单位牵头组织、以乡镇为单位整体实施的形式进行。在针对李庄新城安置试点的调查中，尽管居民对搬迁安置整体满意度较高，但安置形式往往出现"一刀切"的情况，同一乡镇采取单一的形式整体完成"拆"与"迁"，忽略了居民们的多样化、个性化的生活空间需求。

本书针对以上 4 种生活空间安置形式在讨论中所建议各乡镇采取的主要安置方式是可以依据乡镇自身条件灵活修正的。未来宜采取多种安置形态相结合的方式，明确滩区乡镇自身所处地理空间特征与安置需求的前提下，采取分户调研的方式了解居民对安置空间的需求与偏好；同一乡镇在具备条件的情况下，宜采取多种安置形式，满足居民个性化的居住需求，更利于居民对社区产生融入感。从而为社区营造更为良好的自治氛围，更符合社会韧性所倡导的思想。

2. 以点带面促进生活服务灵活布局

基于韧性城市多样性特征，在滩区布局多种居住空间形式，有利于发挥空间活力，为滩区多种类型的生产、生活活动提供适当的建成环境，增强滩区韧性水准。基于研究提出的多种安置形式，韧性城市的联结性特征表明，城乡空间单元之间宜建立资源、产品、客流、信息之间的廊道；以便在城乡管理与居民服务中增强高效性特征。以下段落将在落实多种安置空间形式的基础上，引导地段形成层级简化、布局均衡、分阶段实施的生活服务体系。

1）采取多种形式落实居民点安置

研究范围涉及新乡市沿黄"三县一区"的 21 个乡镇辖区，共覆盖当前的 16 处乡镇中心区、509 村，其中 424 村属于滩区或倒灌范围。研究结合上位规划要求、防洪安全等级、现场调研资料的叠合分析，将以上 509 处村庄居民点划分为保留村、迁建村、就地城镇化村（表 4.5）。并以新建独立社区安置、乡镇中心区安置、县城周边地区安置、传统村落整治的方式实现研究范围内人口的安置，于研究范围内形成乡镇中心 16 处、独立社区 24 处、保留村 178 处，预计向研究范围外疏解人口 67704 人（表 4.6），各级居民点分布情况如图所示（图 4.17）。

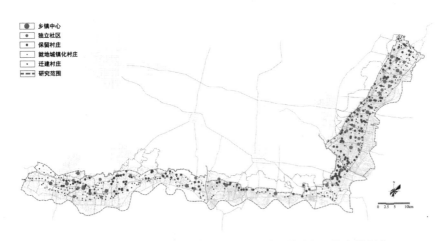

图 4.17 研究拟定的居民点分级布局图（图片来源：作者绘制）

研究范围村庄安置类型汇总表　　　　　　　表 4.5

讨论范围	保留村	迁建村	就地城镇化村	合计
研究范围内	178	294	37	509
滩区或倒灌区内	136	260	28	424

注: 数据来源: 作者整理。

研究范围内居民点安置情况统计表　　　　　　表 4.6

乡镇名称	乡镇中心数量	独立社区数量	保留村数量	迁建村数量	就地城镇化村数量	研究范围外安置人口
桥北乡	1	0	0	13	8	0
韩董庄镇	1	1	7	18	3	0
蒋庄乡	1	4	10	16	3	0
官厂乡	1	2	6	26	5	0
靳堂乡	0	1	13	11	0	14123
大宾乡	0	0	5	7	0	7634
陡门乡	1	2	14	29	0	0
荆隆宫乡	1	1	12	11	0	0
陈桥镇	1	0	3	10	1	0
曹岗乡	0	0	5	2	0	9000
李庄镇	1	0	0	22	0	0
尹岗镇	1	0	23	6	0	0
恼里镇	1	1	13	13	2	0
魏庄办事处	0	3	17	10	0	0
芦岗乡	1	1	23	18	0	10980
苗寨镇	1	5	6	29	2	6421
武邱乡	1	3	7	24	5	11872
赵堤镇	1	0	9	16	2	0
方里镇	0	0	1	4	0	7674
孟岗镇	1	0	4	8	1	0
原武镇	1	0	0	1	5	0
合计	16	24	178	294	37	67704

注 a: "研究范围外安置人口"包含两个去向: 本乡镇位于研究范围之外的辖区地段、本乡镇辖区范围之外的县城周边地区;
注 b: 数据来源: 作者整理。

2) 形成三级沿黄生活服务体系

韧性城市的高效性特征倡导扁平化的管理层级; 韧性城市的联结性特征表明, 城乡空间单元之间宜建立资源、产品、客流、信息之间的廊道。等级简明、空间单元在功能上形成互动的生活服务体系，则成为新乡市黄河滩区发展的有效助力。

在居民点安置与整合的预期下，未来滩区居民点的集中性将增强，各居民点的公共服务配套设施愈发重要。依据上位规划要求："三县一区"的中心城区将进一步强化辐射辖区的公共服务职能；未来在封丘县荆隆宫乡布局的北港新城、在李庄镇布局的李庄新城将发展成为封丘县城市副中心等级新城；未来长垣县东北部的赵堤镇也将承担长垣县城市副中心职能；以上三节点将发挥新乡市沿黄局域地带的城市副中心级公共服务职能。

因而，研究范围未来共设置新城 3 处、乡镇中心 14 处，辖独立社区居民点 23 处、村庄居民点 136 处（图 4.18）。研究提出设置新城—乡镇中心—居民点三级公共服务体系（图 4.19），乡镇中心凸显服务职能，居民点凸显生活、生产职能。

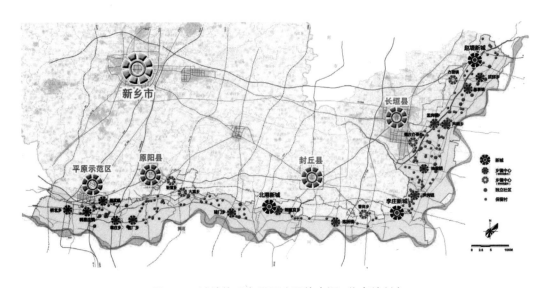

图 4.18　城镇体系布局图（图片来源：作者绘制）

3）分期实施生活服务体系升级

韧性城市的高效性特征表明，城乡发展本质上是一系列动态的过程。依据地方管理者反馈的近期工作目标、滩区防洪安全与生态格局控制要求，近期居住空间优化工作将以管控增量、活化存量为目标，提升建成空间品质。近期计划完成 86 村的迁建安置工作，因此先期于黄河大堤以北设置 1 处集中安置点、1 处新城。近期内，以现状乡镇驻地与新建的集中安置点、新城为中心，投入首先用于公共服务设施的建设用地。

以乡镇中心、安置区、村庄等多种形式，拓展生活空间的多种形态。丰富居住形式，满足居民对生活空间的多层次需求；多种空间形式，共同分担偶发性外界冲击造成的袭扰,有利于社区快速从灾害中恢复。并在未来逐步发展中,不断从袭扰中适应与学习,探索更为适应滩区发展的居住形式。

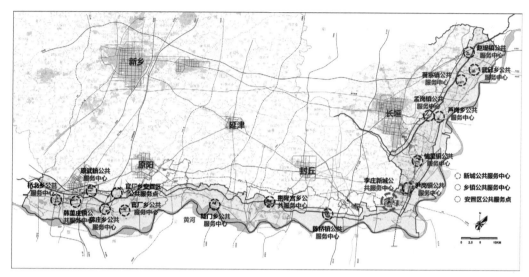

图 4.19 新乡市黄河滩区近期乡镇体系公共服务设施规划（图片来源:作者绘制）

3. 灵活发挥文化优势促进社区认同

文化认同感的提升,将增强地方居民对自身优秀传统文化的信心。积极挖掘和发扬新乡市黄河滩区的文化资源,将为滩区居民认识自身家园所蕴含的灿烂文化铺就道路。

城市社会韧性的相关研究认为,社会系统或社区能通过自组织学习,在应对系统外部的冲击中总结经验（Subcommittee on Disaster Reduction, 2003）,适应潜在风险与外部发展趋势,完善防灾措施、助力保障地区稳定发展。随着原住民对自身文化认知水平与传播热情逐步提高,居民将逐渐树立保护家园风貌、改善家园环境、促进邻里和睦的意识,辅助滩区居民团结自治。

丰富灿烂的地方文化是增加居民文化认同感与地方自豪感的有力资源,新乡黄河滩区造就了以多处治水漕工、铜瓦厢黄河改道发生地等典型资源为代表的黄河文化,保存着以玲珑塔、陈桥驿、官渡之战遗址为代表的中原文化,传承着以传统村落、豫剧发祥地、宗教庙宇为代表的民俗文化。研究范围内形成了"黄河文化—中原文化—民俗文化"三级体系,涵盖了从水利工程、宗教信仰、古迹遗址到民风民俗的多层次、多种类的滩区文化基础（图 4.20）。

研究将以"整合资源"的策略提炼滩区文化,提高滩区文化认知水准,积聚居民的家乡自豪感;以"保护与发展结合"的策略发扬黄河文化,促进文化资源保护与传承；以"一带多点"的结构形成研究范围内文化展示体系，形成滩区的整体形象。

图 4.20　新乡市黄河滩区现状文化资源分布（图片来源：项目组）

1）挖掘和突出代表性资源

文化资源是社会精神文明的重要组成部分，对家园文化资源的深入认知和广泛传播将促进地方文化软实力的提升。新乡市具有以吃苦耐劳、敢于探索为核心的地方精神（张有智，2015），加之黄河滩区特有的黄河文化所蕴含的不屈不挠的韧劲，地方文化魅力的提升将为滩区的社区团结、社会和谐添砖加瓦。

研究以黄河文化－中原文化－民俗文化为体系梳理现有文化资源，定位"黄河文化"为沿黄文化资源的核心，协同中原文化资源、民俗文化资源。其中黄河文化包括：黄河大堤、控导工程、栗毓美祠堂、栗毓美砖坝、曹岗险工、铜瓦厢决口处、39道丁坝、黄河故道鸟类保护区等。中原文化包括：玲珑塔、城隍庙、官渡战场遗址、古黄池遗址、韦思谦祠堂、陈桥驿等。民俗文化包括：大浪口传统村落、祥符调发源地、书画艺术村、若干宗教寺庙等。

在认识到黄河文化的重要性、滩区文化的丰富性和系统性的基础上，提出文化空间异质性目标：挖掘沿黄文化资源的突出代表性遗产；提升沿黄文化资源的保护等级与知名度；增强沿黄产业带的文化内涵、服务沿黄产业带的可持续发展。

整合丰富的文化资源，结合现有文化资源等级（图 4.21），挖掘和提升突出代表性文化资源，形成资源密集的三个组团，重点打造文化资源集中的核心组团（图 4.22）。

图 4.21　现有文化资源等级（图片来源：项目组）

图 4.22　文化资源集中区示意（图片来源：项目组）

2）以带状水工串联相关文化资源的展示

韧性城市的规划思路看重空间设施在威胁应对与城乡发展中功能的多样性。黄河险工具有防御黄河水患的实用性，同时兼具黄河文化的符号代表性，黄河险工本身就具备工程防护与文化传播的多重意义，值得充分挖掘资源价值，将保护与发展相结合。

研究建议将新乡段"黄河险工"水利工程申报世界遗产，着眼于长远的利用开发。世界灌溉工程遗产与世界文化遗产、自然遗产、农业文化遗产等都称为世界遗产，是国际灌排委从 2014 年起开始评选的世界遗产项目。目前，我国陕西的郑国渠、四川东风堰等 13 处灌溉工程已成功申报。

黄河及黄河大堤串联起黄河滩区的文化资源，应加以充分利用，形成水陆两条文化展示廊道，充分展示滩区文化，形成滩区文化新名片（图 4.23）。以黄河沿线为轴，沿周边整合一批特色主题城镇，形成以城镇为支撑、以系列特色乡村为亮点、城乡统筹发展、组合形成"一线串珠"的发展结构。

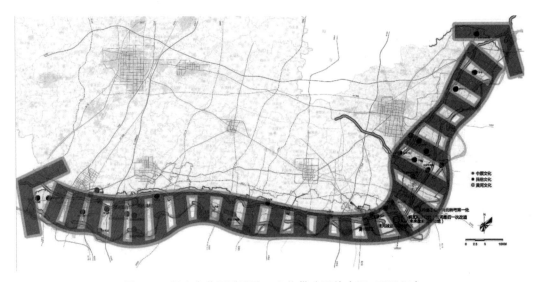

图 4.23　新乡市黄河滩区险工文化带（图片来源：项目组）

文化是滩区发展的积淀和基础，是支撑沿黄滩区的可持续发展的动力之一，向内激发着滩区居民的家园自豪感，向外为滩区的经济发展提供文化支撑；滩区各乡镇宜结合自身辖区所蕴含的文化资源，将文化资源保护传承与多样化的生活空间相结合，使文化资源与产业发展联动。

4. 小结

本节基于前文划定的水患安全格局，总结多种类型的生活空间形态。继而在宏观居民点布局角度下，从防洪安全的鲁棒性特征提高生活空间韧性水准；完善公共服务配套，从高效性、灵活性特征提高生活空间韧性水准；促进丰富的黄河文化以灵活的方式整体展示，向内激发滩区居民的家园自豪感，向外为滩区的经济发展提供文化支撑，增强滩区城乡空间社会韧性。进一步从微观的具体地段角度着手，以"自下而上"的角度探索文化资源与生活空间的结合方式，拓展社区文化认同。从宏观布局层面综合提出适合新乡市沿黄地带持续发展的生活空间优化策略。

四、生产空间

（一）生产空间的多样联结理念

面对产业基础薄弱、类型单一的滩区生产空间，城市经济韧性的内涵有利于指导滩区更有效地应对扰动。经济韧性方面，普莱茨（Polèse M.，2010）认为，经济韧性是系统在面对危机时保全自身、维持新的发展机遇的能力；该能力的形成有赖于多样性的产业结构。

产业类型的多样性为经济生产空间应对多种外部冲击提供基础。韧性的生产空间系统应承载多元化、多种类型的功能，既表现在整体空间系统层面，又表现在某一空间单元层面。具有多重混合功能的空间在面对外界变化时，一方面短期内有利于发展优势：系统能够为使用者提供多种选择机会，促使产生多种活动的机会，以此为基础通过施行发挥空间特色的规划手段，使该空间尽量满足多样需求，逐步形成"一主多次"的空间功能体系，快速形成空间系统的发展优势。另一方面，长期看有利于应对多种扰动、平摊风险、缓解内部竞争损耗：单一的空间功能在长期的发展中，一旦外界对功能的需求减小或丧失，系统将进入内耗竞争阶段甚至面临衰败的局面；而多样化的功能面对外部需求变化时，仅有一部分功能被削弱，系统整体不会遭受毁灭性打击，并可通过功能转型、主次功能转化的规划干预方式谋求重获繁荣（图 4.24）。

同时，联结性要求：城乡空间单元之间具备多种便捷的交通、通信等联系方式，彼此建立资源、产品、客流、信息之间的廊道。一方面，在城乡系统局部受到外界冲击影响的情况下，通过及时调动系统内资源，补充最需要的缺口（Wildavsky A.，1988）。另一方面，在城乡发展中，为区域合作提供有效的物质运输通廊、信息交换网络，以实现系统部件之间相互支撑与协作的关系（Godschalk D. R.，2003）。

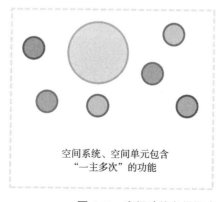

空间系统、空间单元包含
"一主多次"的功能

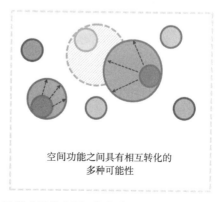

空间功能之间具有相互转化的
多种可能性

图 4.24　空间功能多样概念性示意（图片来源：作者绘制）

在多样联结的理念下，整体空间系统层面下滩区生产空间的韧性表现为：在面对外部变化与扰动时能与周边地区紧密协调、积极迎接多种扰动、主动寻求转型。在空间系统发挥的某种作用满足需求后，能主动感知新需求，并通过寻求与周边地区的差异化发展，增加新功能适应外部需求的变化；通过与周边地区的协作，进一步拓展自身产业的辐射范围。体现出空间系统具备动态适应变化、主动寻求自身发展的能力。

在多样联结的理念下，某一空间单元层面下滩区生产空间的韧性表现为：具有多重混合功能，发挥某一生产空间布局多种产业层次的可能；并在客观条件限制多种产业类型发展的情况下，通过与周边地区的联系与合作，拓展自身产业辐射路径。

综上所述，经过对前人研究与实践的总结，依据城市韧性的主要内涵，就滩区空间而言，应秉承坚固高效、结构冗余、灵活丰富、多样联结的理念，以求共同促进滩区空间系统在应对偶发性外部扰动时，能够发挥系统自身潜能、在面对发展机遇时获得改善。

（二）构造多样联结的生产空间

韧性城市的多样性特征表明，韧性城市应有混合与叠加的城市功能（Ahern J.，2011），防止功能单一的城市要素之间出现联络受阻，放置在城乡空间，一样说明空间多重利用的重要性；韧性城市的灵活性特征表明，对于城乡空间发展过程，具有因地制宜的差异化特色发展路径，城乡建成环境与产业空间，应具有灵活可变的空间使用方式，面对外部市场变化可应运而产生与之匹配的使用新需求。韧性城市的联结性特征表明，城乡空间单元之间具备多种便捷的交通、通信等联系方式，彼此建立资源、产品、客流、信息之间的廊道。

新乡市黄河滩区产业基础薄弱，大多数乡镇滩区产业特色不鲜明，面对滩区产业发展的机遇，当前各区县各自为战、缺乏沟通，已经出现部分雷同项目。若任其发展，极易出现相互抑制、恶性竞争的产业同质化恶果；"因地制宜、一地一品、特色突出"的产业分工是趋利避害的重要措施，也符合城市经济韧性中的产业多样性、经济自组织能力目标要求。另一层面讲，经济产业能辐射广阔的产业腹地和市场、具有多样的经济类型并拥有较大的服务业比重（Polèse，2010），同样是值得关注的方面。

研究提出纵横双向的产业空间布局策略，即横向沿黄河流向布局多样化的产业空间功能、纵向平行于黄河分级设置产业职能类型，期待为滩区提出特色鲜明的地方产业类型。同时提出滩区内外互联的产业分工策略，在实际地理条件的限制下实现产业市场的拓展。

1. 布局沿黄河流向多样化的产业分工

1）打破行政辖区边界从而协同滩区整体发展

从韧性城市规划思想的多样性特征出发，为避免新乡市黄河滩区同质化竞争、拓展地域产业特色，在产业布局的研究中，宜打破"三县一区"在滩区的行政管辖壁垒，从研究范围全局角度协同滩区的整体发展。

在自然条件方面，滩区空间是一个整体，牵一发而动全身。新乡市黄河滩区的狭长布局，自然地形高程渐变、坑渠水系交织密布，使得自然斑块廊道往往跨越沿黄"三县一区"的行政边界。例如，若在滩区内河渠水系上游发展水产养殖相关产业，将对下游地区的水源产生截流作用，减少了下游地区水源的供给；养殖废水的出现，使得下游地区需要形成废水再利用与无害化处理的相关产业支撑，才能达到产业发展对自然环境的最小影响。可见，同一自然廊道连通的区域，在产业选择与发展中是具有相互影响作用的，因此宜从滩区的全局视角出发。

在地区经济产业发展方面，为避免各区县招商引资项目雷同引发的滩区自身内部竞争损耗，应统一协调滩区未来的产业资源分配，促进新乡市黄河滩区探索最佳发展途径。因此本书提出从新乡市黄河滩区整体产业带的角度出发，打破行政辖区的边界，促进地区融合，共同发展。

针对搬迁安置后，原有自然村、行政村的地域概念被打破，村民变成了社区居民，按照"一区多居"管理模式，对安置多个迁建村庄的社区，保持原村级组织不变，建立健全以社区党组织为核心、社区居委会为基础、社区管理服务中心为依托、其他各类社会组织为补充、社区居民广泛参与的管理体制。在健全创新行政管理体制的基础上，实现安居乐业、产业发展。

2）探索差异化产业发展路径从而充分调动资源

韧性城市规划思想的多样性特征进一步强调，应有一定比例城乡产业的原材料来自当地，对外联系局部受阻的情况下，不会造成产业的灭顶之灾；换言之，产业原料的本土化尤其重要。因而充分调动本地资源、探索地段自身资源特色的差异化产业发展路径，将符合韧性城市视角下的经济发展方式。

滩区的狭长型布局，必然带来滩区的分段发展，各地段的合理分工尤为重要。面对目前"三县一区"招商项目普遍偏重康养、运动、航空等几大概念的重叠问题，需要将滩区发展的差异化、特色化凸显出来。

本书提出以更高的角度具体分析新乡市黄河沿线的重点项目布局，促进新乡市黄河滩区做到产业精细引导、一地一品，增加产业竞争力，有效促发周边乡镇活力。研究依据滩区各乡镇现有产业基础、即将实施项目，提拔特色产业，发展特色生产空间；

期待形成毗邻乡镇组团优势互补、规避竞争的沿黄九大乡镇产业组团：由西至东分别布局科研创新乡镇组团、汉唐文化乡镇组团、耕读文化乡镇组团、健康休闲乡镇组团、宋源文化乡镇组团、现代生活乡镇组团、起重产业乡镇组团、滨水休闲乡镇组团、生态休闲乡镇组团（图 4.25）。

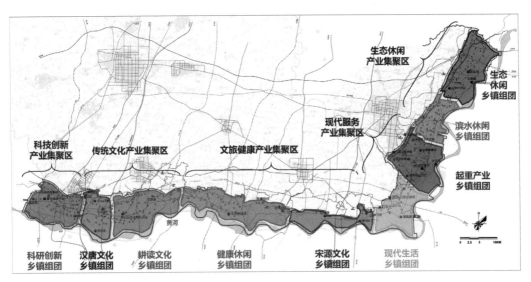

图 4.25　新乡市沿黄滩区乡镇产业布局规划（图片来源：作者绘制）

　　通过乡镇组团功能的划分，引导各乡镇未来对优势项目的招商与选择，促进新乡市黄河滩区一三产业联动发展，促进滩区整体协调共进。本书进一步将各乡镇组团所包含乡镇与现有重点项目进行归类列表（图 4.26）。期待新乡市黄河滩区产业格局形成多样的经济类型，并拥有与当前相比更大的服务业比重，以达到从经济韧性角度提升研究范围韧性水准的目标。

　　3）典型生产空间产业布局探索

　　韧性城市的灵活性特征表明，对于城乡空间的各类潜在风险与发展机遇，应具备针对具体地段的应对策略，以实现各地段的特色发展。以下将以当前资源优势较为薄弱的耕读文化乡镇组团为案例地段进行产业布局的探索。

　　相比于大部分乡镇组团，该乡镇组团的资源优势较为薄弱，但其临近原阳县中心城区的区位优势为其带来的项目选择的优先权，面对众多潜在项目，该组团内各乡镇陷入选择与协调的困境，以下将以该组团为例，对其生产空间的功能布局展开讨论。

　　耕读文化乡镇组团包含原阳县官厂乡全域、靳堂乡南部滩区与堤外 1km 范围、大宾乡南部滩区与堤外 1km 范围。

　　第一产业方面，各乡镇应基于现有条件，在非基本农田区域，官厂乡发展农林复

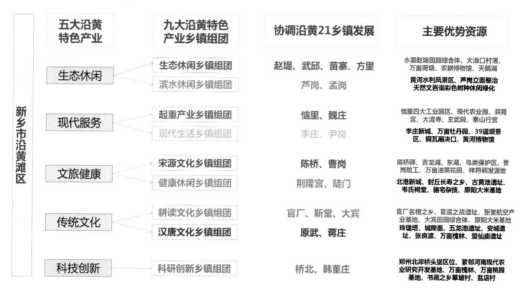

图 4.26　新乡市沿黄滩区乡镇产业布局与项目分布（图片来源：作者绘制）

合产业、靳堂乡现有大量滩区园地的基础上发展成为观赏花卉、有机蔬菜的种植集聚区、大宾乡进一步扩大田园综合体的规模布局。对于大量的基本农田，各乡镇宜选择适当地段，结合本书"生态空间的结构强化与冗余构建"一节中，原阳县滩区低洼土地形成的水田，发展驰名中外的原阳富硒大米的有机种植，形成第一产业与第三产业相结合的乡镇组团。并利用靳堂乡、大宾乡的堤外土地，构建鲜花、蔬菜、大米的加工、仓储、运输的全产业链，打造原阳滩区的绿色名片。

第三产业重点发展名相文化寻踪、林下运动休闲、花乡田园体验、耕作体验、稻作文化展示、水稻种质资源实验等特色产业。具体而言，结合官厂乡"名相之乡"的美誉，深挖名相耕读文化，利用官厂乡栗毓美祠、栗毓美砖坝等文化遗址，打造儒家文化风韵、发扬传统文化、黄河文化的历史价值，形成"儒家文化点"；发挥官厂乡体育公园的林下休闲、森林运动作用，形成"林下休闲点"；发挥抗日民主政府纪念地、靳堂乡奶奶庙等历史遗产对人们的吸引力，形成"历史文化点"；在靳堂乡的花卉蔬果种植中、在大宾乡的田园综合体范围内，形成以花乡田园体验、耕作体验、稻作文化展示、水稻种质资源实验等特色活动为代表的"田园体验点"（图 4.27）。利用原阳县计划打造的"三横六纵十连"的交通体系，设置环形游线，串联儒家文化点、林下休闲点、田园体验点、历史文化点等丰富的游览资源；利用原阳县靳堂乡计划在堤外开展的通航小镇的契机，发展空中观光，促进组团内各乡镇规模种植，形成大地景观，塑造远观黄河波涛、近览大地画卷的景象。

图 4.27　田园体验点意向图（图片来源：项目组）

2. 结合水患等级的生产空间复合利用

韧性城市规划思想强调对地段所处环境的潜在风险形成客观判断，作为情景预测的基础。自然地理因素作为场地基础条件，影响着新乡市滩区整体产业布局。相比于黄河南岸滩区，地处北岸的新乡市滩区土地宽广，地理空间条件也更为复杂多变。

1）基于水患安全格局划定功能带

韧性城市的鲁棒性特征表明，系统应明确自身硬件设施的强度水平，以便在外部冲击发生时准确判断自身处境。因而，基于水患安全格局的预判，明确滩区各地段所处的洪水风险程度，是滩区谋求发展的安全前提；进而依据水患安全等级，划分适合不同产业布局的带状空间，将增强滩区产业发展中对水患的适应性。

面对偶发性行洪需求的宽阔河道空间，国外已形成一套绿色河道策略与分区滞洪策略。在荷兰，绿色河道策略是在河槽以外划定一个较宽敞、狭长的区域作为分洪道，通常为沿河的自然保护区或农业区，除了在泄洪期以外，它常年保持绿色和无水状态，一如黄河滩区的职能；分区滞洪策略通过模拟各等级洪水的发展过程，将沿岸的所有围区进一步划分，并将一部分列为滞洪区，确定分区的淹没顺序、淹没水深及淹没频率（黄波，马广州等，2013）。以上在荷兰应用的绿色河道策略在河道以内、河槽以外发挥作用，分区滞洪策略在河道边界以外发挥作用；仅在河道以外划定滞洪区时划分了各滞洪区的水患风险，并未在绿色河道范围区分淹没等级与淹没风险。本书拟将绿色河道策略与分区滞洪策略的优势结合于黄河滩区之内形成不同等级的行滞洪空间，日常以绿色无水状态承担生产职能；并依据本书拟定的各流量等级水位淹没范围，明确滩区各地段的水患风险，并制定适当的产业功能，以功能的多样性增强地段对水患的适应性。

面对滩区各级流量水位淹没范围与用途，秦明周、张鹏岩等（2010）将开封市黄河滩区划分为：河槽外围 100 ~ 250m 的临河风险缓冲带、大致在 4000 ~ 6000m³/s 流量水位线之间的近河宜耕地带、6000 ~ 8000m³/s 流量水位线之间的相对稳定利用带、8000m³/s 流量水位线以上的稳定利用带。其划分标准主要依据滩区水位线，以安全利用为目的，讨论了安全前提下开封市滩区土地利用的风险与策略。以上研究基于防洪安全的功能带划分方式值得借鉴，但对于滩区的土地用途分析主要着眼于农耕，单一的用途尚不足以满足韧性发展的需求。另外，张金良（2017）提出高滩用于群众安置、中滩用于高效农业、嫩滩用于滨河湿地的"滩区再造"方式；对于滩区土地产业用途方面，任继周、常生华（2007）提出滩区适宜发展草地农业；白缤丽（2013）依据范县滩区调查，提出滩区发展林木复合产业与特色种植业的建议。

本书在各拟定等级洪水水位淹没范围预测的基础上，讨论分级设置的功能带。将新乡市滩区依据各级流量水位线，划分为缓冲保护带、保护耕作结合带、稳定耕作带、居住生产带、背堤协调带，规避水患风险，因地制宜发挥不同功能（图4.28）。

缓冲保护带分布于6000m³/s流量水位线以下至主河槽之间，占研究范围的20.24%，主要发挥水岸缓冲功能，为候鸟提供滩涂栖息空间，其中基本农田占比4.04%，共40.63km²，基本农田范围之外区域，以自然保留地为主。

保护耕作结合带分布于6000 ～ 8000m³/s流量水位线之间，占研究范围的20.92%，其中基本农田占比12.82%，共129km²，基本农田范围之外区域，以自然保护区、自然保留地为主。自然保护区分布于封丘县主要滩区范围及长垣县南部滩区，该范围农田以无公害方式种植当地原生作物，营造绿色生态产业与鸟类栖息地保护双重功能区。

稳定耕作带分布于8000 ～ 10000m³/s流量水位线之间，占研究范围的11.06%，其中基本农田占比9.44%，共95km²，主要形成规模化耕作区域，发挥地方优势，形成若干特色高效农业园区。

居住生活带分布于10000m³/s以上至黄河大堤之间，占研究范围的33.21%，其中基本农田占比23.22%，共233.55km²，建设用地占比6.33%，共63.64km²。是水患威胁较弱的地带，形成居住与滩区生产相结合的滩区空间。

背堤协调带分布于黄河大堤外围约1km范围以及部分倒灌区范围，占研究范围的14.57%，共146.61km²。是几乎无水患威胁的地带，形成滩区居民外迁安置与滩区就近工业生产相结合的堤外协调发展空间。

2）临河低滩生产空间利用

韧性城市的适应性特征表明，系统在应对外界冲击的全过程中应发挥学习能力、吸取教训（Godschalk D. R.，2003），为更加有效地应对未来类似冲击积累经验。对于滩区的临河低滩地区，在"生态空间的结构强化与冗余构建"一节中已经提出通过"退耕还滩"的方式减少生产空间布局；但对于当前尚存的临河生产空间，宜吸取曾经多次水患发生时的教训、积累其中的经验，探索韧性策略。

处于缓冲保护带的空间主要分为自然保留地和少量基本农田、一般农田。毗邻滩涂的农田易遭受较严重的水患威胁，该类农田主要分布于平原示范区桥北乡、韩董庄镇、原阳县蒋庄乡、封丘县曹岗乡、李庄镇、长垣县的中南部滨水地带。为减小低滩

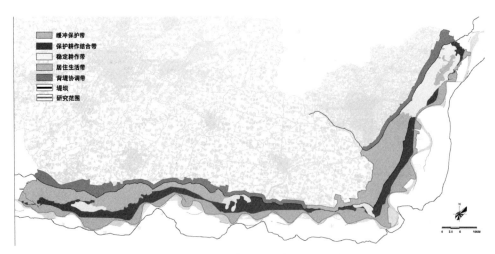

图 4.28　新乡市沿黄地带分级功能带示意图（图片来源：作者绘制）

地段农田的水患风险，本书提出两种可能的策略。第一，以作物品种优势减弱水患影响：对于低滩基本农田而言，可在现有农地条件下种植以巨型稻（林落，2018）为代表的健壮、高大、耐水的粮食作物品种，以巨型稻为例，该新型稻作品种已在湖南长沙试种成功，可在 50cm 水深的田间正常生长。第二，以适当的空间改造适应水患影响：对于低滩一般农田而言，可在低滩农田掘垄堆垛，形成滨水垛田，种植油菜花等油用、观赏两用的基础作物品种。

　　除农田外，缓冲保护带尚有大量滩涂湿地，宜在湿地保护前提下发挥其生态展示功能。通过自然认知、生态观光等形式，发挥滩涂湿地的游赏功能，将生态空间拓展为生态与生产复合空间。形成五彩草甸、平原苇荡等滩区特色生态景观空间，并在节点性地段，形成锦绣花海的特色景观。该类景观宜选用耐水性较好、生命力较强的植物，在汛期被水流浸没时能保持存活。

　　五彩草甸景观以多种观赏草和草甸植物的种植为主，适宜种植的植物有崂峪苔草、狼尾草、高羊茅等（图 4.29）。

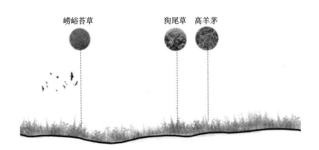

图 4.29　五彩草甸景观风貌剖面示意图（图片来源：项目组）

平原苇荡景观以芦苇和水生植物种植为主，适宜种植香蒲、芦苇、萱草、鸢尾、睡莲、芦竹、香菇草、千屈菜等（图 4.30）。

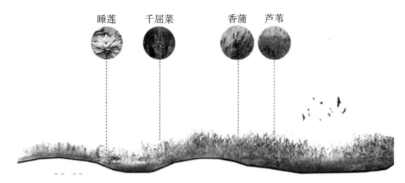

图 4.30　平原苇荡景观风貌剖面示意图（图片来源：项目组）

锦绣花海景观以多种野花组合、单一野花大面积种植为主，适宜种植的植物有花菱草、虞美人、波斯菊、柳叶马鞭草、蓝花鼠尾草、硫华菊、幌菊、蒲公英等（图 4.31）。

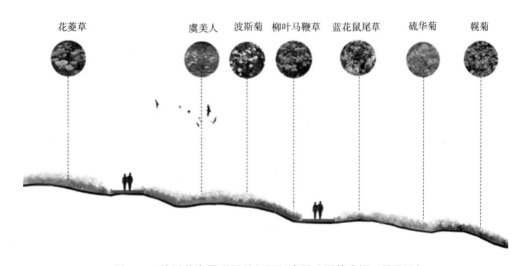

图 4.31　锦绣花海景观风貌剖面示意图（图片来源：项目组）

针对地势较低区域采取"可浸没"的草甸植物、水生植物种植，既能保持水土，又能扩展滩区观光游览目的地，将生态空间拓展为生产空间，发挥地段功能的多样性，体现地段的韧性。

3）水患风险相对较小地带的生产空间利用

韧性城市的多样性特征表明，韧性城市应具有混合与叠加的城市功能（Ahern J.，2011），防止功能单一的城市要素之间出现联络受阻；放置在城乡空间发挥生产职能的地区，同样能够说明：空间多重利用既可增加土地的利用效率，又可防止外部市场变化对单一生产职能的毁灭性冲击。

对研究场地而言，保护耕作结合带与稳定耕作带处于 6000 ~ 10000 m³/s 的水位线范围，其间广布农田，零星分布有滩涂、水系、林地、拆迁村址复垦耕地。

农田方面，以严格保护基本农田、确保农田生态安全为基础，同时提倡农田复合利用理念。对于基本农田，严守基本农田保有量底线，研究范围基本农田保有量不低于当前的 570km² 总量，确保沿黄生态基底安全。

提倡农田的复合利用，提高农田综合效益。在因地制宜的指导思想下，宜形成农水复合、农旅复合等复合利用新模式，在保持基本农田粮食生产的基本职能的前提下，增加生产空间的多样性和灵活性。以"农水复合"的方式在适宜地区开展立体种养、复合种养等生产模式，拓展传统农业链条，增加生产空间的利用方式；以"农旅复合"的方式提升农田旅游价值，在充分尊重农业产业功能的基础上，引入休闲观光、生态景观等功能业态，合理开发利用农业旅游资源。

国家相关文件指出，对于开展粮食规模化种植与生产的新型经营主体，如农业合作社和家庭农场等，可适当在基本农田中设置粮食种植所需的配套设施用地，如农资农具停置场所、粮食晾晒场地等。同时指出，以不破坏农田耕作层为前提，可按照每150 亩左右粮田，配套建设占地 2 ~ 3 亩、生猪存栏量 500 头左右的养殖场，鼓励以种养结合的形式，实现循环农业的预期（国土资源部、农业部，2014）。

在针对李庄镇居民的问卷调查中（附录 E 问卷题目 16），七成耕作者表示安置区与田地距离偏远，并有居民建议将旧村址的部分场地作为农具的存放场所。安置区居民耕作的不便，不仅引发产业升级与规模化种植的思考，同时也促进对生产空间布局的优化。

拆迁后村址经过复垦，形成一般农田，该类地段本身具有高企的村落原址防水台，不易淹水，又具有相对完善的道路交通条件，对外联系较为便捷；但建筑基址复垦土地难以达到优质高产粮田的标准。该类生产空间更适合开展种养结合式的经营，宜适当发展养殖业，并可充当周边基本农田的物料存储空间、大地景观眺望参观的制高点。

对于以上生产服务设施，可设计成为有架空或悬挑的构筑物形式，甚至可探索设计并建造可漂浮的生产配套设施（Guikema S. D.，2009；廖桂贤、林贺佳等，2015），增强生产空间的适应性。

林地方面，对于当前主要分布于蒋庄乡、桥北乡的林场和其余小片风沙治理区的防风固沙林，现已经成为森林公园，但应提高环境质量、丰富产业功能。研究建议提升其休闲观光、生态景观职能，并以"林农复合"的方式积极拓展立体种养、复合种植等生产模式，拓展传统林业链条；优先考虑通过农林复合恢复植被景观，修复土壤环境。

对于在滩内堤坝、河流沿线的林带，在发挥生态效益的前提下，更适合种植丰富多样的植物，拓展收益、增强轴线景观效果。

可形成滨水、沿路景观轴线，营造怡人的景观效果，有利于进一步发展农田观光、耕作体验等第三产业。

当前生产空间大部分水系以引水渠或池塘的形式存在，当前仅存在第一产业职能，经济效益与生态效益均不佳。为提升生产空间水系价值，宜采取生态恢复型为主的水系景观提升方式，促进人与自然环境的和谐相处，增强生产空间的生态效益，发挥生产空间的休闲观光等第三产业附加值。

例如，沿农田引水渠，形成"原乡荷溪"等景观风貌，利用乡土植物的有序栽植，提升生产空间轴线景观风貌，拓展乡土游憩等潜在的第三产业发展机会。原乡荷溪景观以多种水生植物和湿生植物的种植为主，适宜搭配垂柳、圆柏、荷花、千屈菜、睡莲、芦竹、香菇草、旱伞草等植物种类（图 4.32）。

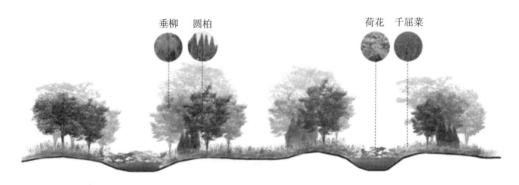

图 4.32　原乡荷溪景观风貌剖面示意图（图片来源：项目组）

居住生活带、背堤协调带处于 10000m³/s 流量的水位线以上范围，是生产空间与生活空间交叉最为密切的滩区功能带。生产空间在发挥多重生产价值的基础上，值得适当拓展其景观价值。

滩区内主要道路可在现状道路的基础上，道路一侧保留平原田野景观，道路另一侧以园艺观赏果蔬为田园特色景观背景，穿插人行体验道，构建绿色生活体验廊道（图 4.33）。该种方式既实现了滩区主要道路的景观提升与田园风光的多层次展现，又实现了人车分行。该类生活体验廊道，宜结合新乡市绿道体系构建。以上道路景观提升，若道路沿线紧邻基本农田保护范围，则应以严格保护为前提，仅可选择在农田边缘已经存在的农田道路或田埂上形成宽度不超过 2m 的步道。

| 田野景观 | 县道乡道 | 大园艺观赏果蔬 | 人行体验道 | 大园艺观赏果蔬 |

图 4.33　依托县道乡道构建绿色生活体验廊道剖面图（图片来源：项目组）

本书基于新乡市滩区的水患风险评估，对处于不同地段、属于不同类型的生产空间展开多重利用的讨论。以分类保护和利用的思路，研究建议因地制宜布局适当作物，提高土地复合利用率，增强生产空间的多样性、灵活性，以及生产空间的水患适应性。

3. 拓展滩区内外联动的产业辐射路径

城市经济韧性提倡具有多样的经济类型并拥有较大的服务业比重（Polèse，2010）的产业布局形式。

基于滩区交通体系的完善，研究范围宜拓展产业链条，形成"堤内滩区有机生产，堤外二产深加工"的产业联动运营方式；并可进一步拓展农业生产、深加工过程中参观与体验的游览功能，形成三次产业的联动发展。基于滩区内自然条件不适合布局深加工企业的情况，宜通过"两步走"的方式，拓展产业链条。

第一步，滩区内生产绿色无公害的农副产品，同时在滩区外围近堤地段布局深加工场所，利用改善后便捷的交通条件，将鲜活、绿色的农产品运至堤外就近深加工，完成第一产业至第二产业的联动。第二步，随着农产品深加工完成，一方面销往外界，另一方面通过产品带动产地的知名度；随着产业链的逐步成熟，以绿色产业为代表的地方特色产业也将逐步形成，黄河的景观优势、地方的产业特色优势将共同发力，促进地区"农旅结合""工旅结合"的发展，完成第二产业到第三产业的拓展。滩区的黄河景观优势、生态绿色优势与滩外的加工生产优势错位结合，将促进滩区内外产业的互补，扩大滩区产品的辐射范围，延长滩区生产活动链条。

在研究范围内，长垣县北部的武邱乡、苗寨镇辖区全域都位于滩区之内，生产与发展受到限制，研究范围北部布局的生态休闲乡镇组团，期待引导全域位于滩区的乡镇发挥自身生态优势，拓展内外合作，发展内外联动的产业辐射方式。

生态休闲乡镇组团包含长垣县苗寨乡全域、武邱乡全域、方里镇堤外 1 千米范围、赵堤镇堤外 1 千米范围。基于长垣县东北部滩区地势较为低洼、不宜进行永久性建设的场地条件，研究提出"纵向以水为带、横向以路为轴"的生产空间发展策略。

纵向依托未来长垣沿黄西路的贯通、天然文岩渠右堤路以及百米宽林带的建设、滩区特色村落的打造，该乡镇组团利用滩区生态优势，整体形成生态休闲产业组团。横向基于主要交通干线打造赵堤－武邱、方里－苗寨两条东西向滩区内外互动发展轴，形成大部第一第三产业联动发展，局部第二产业点状布局的形式。

第一产业鼓励苗寨乡、武邱乡作为滩区乡镇发展有机蔬果、特色花卉等生长周期短、一年多茬的种植品种，规避汛期洪涝灾害；同时鼓励基于现有牲畜养殖基地，开展"农畜一体化"种养模式，秸秆变饲料，粪便肥农田，有效解决秸秆堆积、牲畜粪便污染的传统种植、养殖中的问题，促进生态发展。鼓励方里镇继续做大做强目前万亩荷塘与特色水产养殖的设想，鼓励赵堤镇继续发展特色水稻种植、特色水产养殖，培育田园综合体。

第二产业鼓励苗寨乡利用自身"防腐之乡"的美誉，与方里镇互动合作，在堤外择址布局防腐产业。武邱乡则宜积极与赵堤镇取得合作，赵堤镇从武邱乡获得充足的产品供应，武邱乡从赵堤镇获得更广阔的市场途径。

第三产业基于各乡镇特色村落整治、特色品种种养开展滩区生态休闲产业。苗寨乡主要打造天然文岩渠右岸后宋庄村，武邱乡主要打造天然文岩渠右岸红门村、勾家村，共同形成天然文岩渠林带上的节点性空间；堤外方里镇主要打造万亩荷塘风光、赵堤镇的田园综合体（包含大浪口酒文化传统村落、小渠红色革命文化村落、农耕文化博物馆、"水墨赵堤"小镇等项目），促进第一第三产业结合。

随着赵堤镇被确立为长垣县城市副中心、长济高速即将东延至山东并在方里镇设置高速上下口，生态休闲乡镇组团的豫鲁门户地位得以凸显、区域联动的优势将进一步体现，地区应抓住区域位置改善的机遇，形成生态环境优良、产业特色鲜明的沿黄乡镇组团。

最后，必须强调的是，加快拆旧复垦、同步推进土地流转，优化土地配置是保证滩区内外高效发展的根基。土地配置是搬迁安置和扶贫攻坚的核心问题之一。滩区居民重视土地资源，将其作为唯一的、最基本的生产资料；也需要在搬迁安置后提供适于生产生活方式转型的优质土地资源（Bui et al.，2013）。因此，应把旧村拆除和土地复垦作为滩区生产空间优化成败的关键，坚持搬迁与拆旧、复垦同步推进，在外迁安置过程中预防返迁。制定出台鼓励滩区土地流转的支持政策，充分利用黄河滩区资源优势和独特区位优势，积极发展多种形式的适度规模经营。

针对已安置社区，应有计划地设计合理的土地流转和补偿机制，允许农户从事原土地经营的意愿，也为农户提供新的就业技能。在安置计划中，可将规模化经营的原有土地修复为公共绿道、郊野公园或经营性农家乐、企业购买采摘园等以获得规模利润。根据调查反映的李庄新城居民生产需求，为便于耕作，在保证安全防洪的前提下，新建独立社区不宜选址在距离原承包地过远的地方，便于日常耕作。

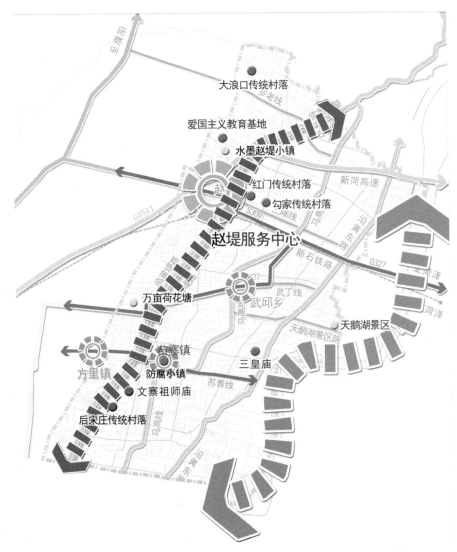

图 4.34　生态休闲乡镇组团内外联络示意图（图片来源：作者绘制）

4. 小结

通过对现状产业资源的评估与各区县未来项目的预期，本书提出新乡市沿黄滩区形成"九大特色乡镇产业组团"；促进形成产业发展各具特色，一地一品的产业布局形式。并从水患安全格局的角度，对各地段、各类生产空间的复合利用提出建议。新乡市沿黄滩区生产空间发展，重在打破行政辖区边界、协同"三县一区"整体产业布局、积极探索滩区产业差异化发展道路。

　　本书通过在沿黄河流向布局多样化的产业分工，增加宏观地理空间布局层面的产业特色多样性；通过结合滩区水患安全格局预测，从改进作物种类、拓展产业层次等方面增强低滩生产空间应对偶发性水患影响的适应性；通过探索生产空间第一产业复合利用、一三产业结合发展等方式，增加微观具体地段层面的生产空间利用形式的多样性、生产空间使用的灵活性；并结合条件改善的道路交通，建议逐步构建滩区内外联动发展的地区产业分工格局。以上各条策略均不同程度增加了研究范围内的经济类型、提高了服务业比重、拓展了经济产业辐射的腹地和市场，为研究范围内的城市经济韧性水准的提升发挥作用。

第5章 乡镇发展建设指引

空间形态异质从外在形态上体现了空间的多样功能,它为城乡空间潜在的多样功能和多种活动方式提供相匹配的空间条件,将对落实空间的多样性使用需求、实践多样性发展目标发挥作用。在滩区具体的生活空间中,历史以来往往自发形成多样的原生态异质空间,这类空间具有丰富的物质空间形态,进而为形成丰富的功能提供可能。

本书依据生活空间的多样化、特色化需求,以文化传承与生活空间相结合的思路,选择陈桥镇、原武镇、桥北乡、赵堤镇的典型地段,提倡以地方文化为动力、发挥特色、"自下而上"地开展空间环境提升与产业拓展。

1. 重点村镇改造——陈桥镇

陈桥镇被列为河南省黄金旅游线路"三点一线"开封宋都的重要组成部分,1997年河南省人民政府公布陈桥为历史文化名镇。此次研究的案例地段以陈桥驿为中心,依托厚重的历史积淀打造"宋源小镇",结合陈桥湿地、油菜花田等自然景观建成鸟类保护、休闲度假、历史旅游于一体的特色小镇。

在现状建筑格局肌理上,对县道沿线建筑进行重点改造,打造成为小镇的主要景观面。为凸显陈桥历史文化渊源,研究提出打造陈桥宋式文化体验街区,一体化开发陈桥驿周边文化资源,并设置陈桥驿前庭广场、陈桥文化创意街区、梦回大宋—VR体验馆等文化体验点(图5.1)。点状激活陈桥宋式民风民俗,重点构建陈桥宋式文化体验点,以点带面,发挥文化触媒效果。案例地段将集商业经营与作坊展示于一体,形成前街后坊、坊巷纵横、店铺沿街的布局形式。

拓展文物周边休闲场所,美化陈桥驿前庭广场,形成宋源小镇"客厅",使之成为连接陈桥历史文化展馆、梦回大宋—VR体验馆、陈桥驿等文化场所的交流休闲空间。并进一步形成环形游览线路,全套体验"宋式衣食住行"。

2. 重点村镇改造——原武镇

原武镇有着悠久的历史,现镇区内留存有建于北宋年间的玲珑塔、建于明洪武年

图 5.1　陈桥驿周边地段空间示意图（图片来源：项目组李玥等）

图 5.2　玲珑塔、城隍庙周边地段空间示意图（图片来源：项目组蒲叶等）

间的城隍庙、同建于明代的五龙池。本次研究依托原武镇丰富的历史文化，空间布局以玲珑塔、城隍庙一线形成东西向轴线，以城隍庙为节点控制古镇贯穿南北的开放空间。依托玲珑塔现有水域及景观加以改造形成以历史古迹为特色的公共空间。将玲珑塔西侧的粮仓进行改造，形成以宋唐文化为特色的文创空间、历史文化展馆等功能；玲珑塔、城隍庙一线构成镇区的特色文化空间，打造原武镇的文化旅游场地（图 5.2）。对原武镇的主街立面进行修整，打造镇区主要沿街景观界面（图 5.3）。

图 5.3 原武镇主街立面展示（图片来源：项目组蒲叶等）

3. 重点村镇改造——桥北乡

研究以桥北乡盐店庄村主街沿线为案例地段，结合村内街道中心革命纪念碑、西南角关帝庙，本书提出依托盐店庄盐埠与革命历史，以现状民居为基础，重点突出其盐文化，增强中心纪念碑与关帝庙的人行交通、景观联系，打造盐文化店铺街及盐埠历史馆等文化场地（图 5.4）。利用村庄北侧原有林地规划带状绿色空间至关帝庙，形成居民休憩的公共空间。同时，对盐店庄临街立面进行修整，打造村庄主要沿街景观界面（图 5.5）。

图 5.4 纪念碑、关帝庙周边地段空间示意图（图片来源：项目组何溪等）

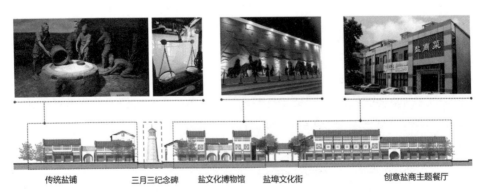

图 5.5 盐店庄主街立面展示（图片来源：项目组何溪等）

4. 重点村镇改造——赵堤镇

　　赵堤镇未来将承担长垣县城市副中心区职能，本书选择赵堤镇镇区为案例地段，在该镇总体规划指导下，保留部分传统民居，对院落、街道进行重塑、美化，利用泥塑、传统农具展示农耕文化特色，打造"黄河人家"；同时利用天然文岩渠，结合"豫北水乡"的文化底蕴，打造"豫北水街"，提供热气球等低空旅游产品，为游客提供全方位、多角度的体验。打造以"水墨赵堤"为主题的田园综合体、豫北水乡风情园、"黄河人家"特色民宿组团等项目点（图 5.6）。

图 5.6　赵堤镇案例地段空间示意图（图片来源：项目组赵倩羽等）

第6章　结论与展望

一、本书主要结论

　　本书基于黄河滩区具有河道行洪与生产生活的双重属性的地段特征，从韧性城市理论与空间规划理念研究、研究地段的空间韧性分析评价、空间优化策略体系构建等多层面，展开韧性城市视角下的新乡市黄河滩区空间分析评价与优化研究。

1. 梳理黄河滩区韧性空间结构的优化发展理念

　　①基于城市系统四种压力源，结合既有文献的梳理，指出滩区空间受到的"扰动"来自两个时间层面：未来的潜在隐患、当前的脆弱点；体现在自然生态、工程技术、经济生产、人类社会四个方面。

　　②基于城市韧性的四方面内涵，指出在黄河滩区分别对应其主导的城市职能空间：工程安全空间、生态空间、生产空间、生活空间。

　　③结合韧性城市表征，总结滩区空间应具备坚固高效、结构冗余、灵活丰富、多样联结的韧性发展理念。

2. 新乡市黄河滩区四类职能空间的韧性分析评价

　　①工程安全空间鲁棒性、高效性的不足，具体表现在两方面：第一，水患威胁下滩区仍存隐患点；第二，道路密度不足、等级偏低、区域连通性不足造成的出滩撤离时间紧迫。

　　②生态空间的冗余性不足，具体表现在两方面：第一，滩涂湿地结构破碎、保护范围难以落实造成的自然保留地冗余性下降；第二，局部地段生态安全格局存在脆弱点造成的研究地段冗余结构失衡。

　　③生活空间鲁棒性、多样性、灵活性不足，具体表现在三方面：第一，现行规划确立的居民点布局尚不能完全满足防洪避险需求，无法保障居民点的鲁棒性；第二，公共服务设施用地规模少、类型不充分，削弱了地段公共服务方面的多样性、灵活性；

第三，地方文化内涵对生活空间灵活形态的塑造作用未显现。

④生产空间的多样性、联结性、适应性不足，具体表现在两方面：第一，产业基础薄弱、产业类型单一的低水平产业发展现状难以满足产业多样性特征，外部竞争激烈、内部产业特色缺失的产业发展窘境反映出地段与周边地区在产业辐射、信息交换等方面的联结性不佳；第二，本地就业不足、人口受教育程度低使得群众收入陷入瓶颈。面对自身所处环境，当地群众缺乏适应性的产业发展与自身就业思路。

3. 韧性城市视角下滩区四类空间发展的支撑体系

本书基于对现状条件的综合认知与潜在威胁预测，从工程安全空间、生态空间、生产空间、生活空间 4 类职能地段的大尺度空间布局、小尺度策略实施的角度，提出空间优化利用的策略体系。

①工程安全空间方面，本书针对研究范围提出了完善撤退道路交通系统、实施灵活高效的道路附属阻洪措施。

②在生态空间上，本书针对研究范围提出了强化现有湿地生态系统的空间串联结构、补充滩内生态空间冗余结构、增加局部地段的冗余物种的系列策略，增强滩区的生态韧性。

③生活空间上，本书针对研究范围提出了营建多种形态的生活空间、构建灵活简明的生活服务设施布局体系、灵活发挥文化优势促进社区认同的系列策略，提升滩区生活空间形态丰富性、布局便捷，激发居民团结自治热情，提升滩区的社会韧性。

④在生产空间上，本书针对研究范围提出了纵横双向的滩区生产空间多重利用、内通外联的产业联动发展的系列策略，促进各地段形成特色鲜明、多样灵活的产业形式，提升滩区的经济韧性。

随着研究的逐步深入，笔者认为韧性城市规划思路并非与传统规划思路相独立，而是对传统规划思路的补充。在传统目标导向的规划思路中，强调"一张蓝图绘到底"的行动力，而韧性城市理念则强调实践远期目标的过程中以增强适应性为导向，制定灵活的短期目标与韧性应对策略，促进城乡空间系统的动态平衡。

二、展望

在韧性城市的相关研究与实践范畴，未来在我国尚有广阔的拓展空间。该领域的研究将有可能趋向以下两方面：

一是在韧性城市实践中，将面临从工程韧性为主导的空间实践向非工程韧性为主导的政策管理和公众参与方面实践的转变。随着我国建成空间环境与城乡物质空间布局得到不断优化和提升，强调坚固性与高效性的工程韧性研究将得到充实，而非工程韧性的研究将面临更广阔的实际需求。

二是加强城市韧性水准评估长期跟进的持续性对比研究。当前国内已经有少数学者着手构建本土化城市韧性水准的评估与研究框架，但与国外的同类研究相比，在数量上、选择指标的广泛程度上都还有一定差距，在未来的研究中值得进一步深入。随着时间的推移与研究的深入，城市韧性水准评估长期跟进的持续性对比研究将成为可能的深入方向。

在新乡市黄河滩区的空间韧性策略研究方面，未来可能形成三个层面的深入方向：

一是加强动态监测与策略修正。韧性城市强调城市系统的动态平衡，因而在未来发展中还应不断对地段规划条件加以评估、对扰动与冲击实时预测，并对空间规划策略加以修正。

二是增强地段的非工程领域的研究。韧性城市对城市管理与服务方面也很重视，因此城乡管理的扁平化、规划管理的灵活性至关重要。在对物质空间的布局策略研究的基础上，制度与管理方面的韧性策略研究可能是未来进一步深入研究的方向。

三是进一步深入滩区乡镇层面的韧性策略构建。对研究地段内广泛分布的各乡镇的具体韧性策略的针对性研究，也将成为地段实践研究的深入方向。

附录 A 新乡市黄河各级洪水传播时间预估表

起止站	距离（km）	传播时间（小时） 流量单位：立方米每秒				
		5000 以下	5000～10000	10000～15000	15000～20000	20000～22000
三门峡～小浪底	133.0	11.5	10.0	10.0	10.0	9.0
小浪底～马庄	130.0	16.3	11.8	11.8	11.8	10.8
马庄～花园口	5.0	0.6	0.4	0.4	0.4	0.4
花园口～双井	6.5	1.2	1.0	1.0	1.0	1.0
双井～武庄	16.0	3.0	2.5	2.4	2.4	2.4
武庄～毛庵	9.5	1.8	1.6	1.5	1.5	1.5
毛庵～三官庙	10.0	1.9	1.7	1.6	1.6	1.6
三官庙～大张庄	12.0	2.3	1.9	1.8	1.8	1.8
大张庄～顺河街	8.0	1.7	1.4	1.0	0.9	0.8
顺河街～大宫	7.0	1.5	1.0	0.9	0.9	0.8
大宫～古城	5.0	1.2	1.0	0.8	0.7	0.6
古城～曹岗	7.5	1.3	1.2	1.1	1.0	0.9
曹岗～贯台	13.0	2.2	2.1	1.9	1.7	1.6
贯台～禅房	13.0	2.2	2.1	1.9	1.7	1.6
禅房～下界	5	1.2	1.0	0.8	0.7	0.6

注：数据来源：《新乡市 2017 年黄河防洪预案》。

附录 B　新乡段黄河左右两岸滩区宽度对比表

		平原示范区段	原阳县段	封丘县段	长垣县段		合计
黄河左岸	区段面积	111.9km²	326.8km²	201.9km²	379.2km²		1005.8km²
	区段长度	15.0km	45.3km	52.6km	40.1km		153.0km
	滩区最宽	8.4km	11.2km	7.5km	14.6km		/
	滩区最窄	5.9km	1.6km	0.0km	3.8km		/
	平均宽度	7.5km	7.2km	3.7km	8.9km		6.6km
黄河右岸		郑州市区段	中牟县段	开封市区段	兰考县段	东明县段	
	区段面积	45.6km²	130.5km²	196.0km²	98.3km²	217.7km²	688.1km²
	区段长度	27.0km	40.0km	56.4km	30.8km	52.4km	206.6km
	滩区最宽	3.9km	7.6km	7.5km	7.8km	10.7km	/
	滩区最窄	0.0km	0.0km	0.0km	0.2km	0.0km	/
	平均宽度	1.7km	3.3km	3.5km	3.2km	4.2km	3.3km

注：数据来源：作者整理。

附录 C 研究范围内现状道路汇总表

道路等级	道路名称	场地关系	穿越场地位置
铁路	京广高铁	垂直于黄河（上跨滩区）	原阳县韩董庄镇
	新菏铁路	垂直于黄河（上跨滩区）	长垣县赵堤镇、武邱乡
高速	G4 京港澳高速	垂直于黄河（上跨滩区）	原阳县蒋庄乡
	G45 大广高速	垂直于黄河（上跨滩区）	封丘县陈桥镇
	G3511 长济高速	垂直于黄河（上跨滩区）	长垣县赵堤镇、武邱乡
国道	G107	垂直于黄河（上跨滩区）	原阳县韩董庄镇
	G107 复线	垂直于黄河（上跨滩区）	原阳县大宾乡
省道	S101（G107）	垂直于黄河（上跨滩区）	平原示范区桥北乡
	S223（S219 改称）	垂直于黄河（途经滩区、浮桥过河）	封丘县荆隆宫乡
	S213	垂直于黄河（上跨滩区）	原阳县曹岗乡
	S308	垂直于黄河（途经滩区、浮桥过河）	长垣县芦岗乡
县道	临黄堤—堤顶路—西段	平行于场地（于东坝头浮桥路跨越黄河）	平原示范区—封丘县
	临黄堤—堤顶路—东段	平行于场地	长垣县
	幸福渠路	平行于场地	平原示范区—原阳县
	花园口浮桥路	垂直于黄河（途经滩区、浮桥过河）	原阳县韩董庄镇
	原官线	垂直于黄河（未过河）	原阳县蒋庄乡
	原包线	垂直于黄河（未过河）	原阳县靳堂乡
	延韦线	垂直于黄河（未过河）	原阳县陡门乡
	应顺线（X001）	垂直于黄河（途经滩区、浮桥过河）	封丘县荆隆宫乡
	西陈线	垂直于黄河（未过河）	封丘县陈桥镇
	封樊线（X002）	垂直于黄河（未过河）	封丘县陈桥镇
	长恼线（焦园浮桥路）	垂直于黄河（途经滩区、浮桥过河）	长垣县恼里镇
	马高线（X006）	平行于场地	长垣县

注 a："途经滩区"道路与"未过河"道路承担着当前出入滩区的任务；

注 b：数据来源：作者整理。

附录 D　新乡市黄河沿线文化资源汇总表

文化类型	文化资源	文物保护等级
黄河文化	黄河大堤	—
	控导工程	—
	曹岗险工	—
	铜瓦厢决口处	—
	栗毓美祠堂	—
	栗毓美砖坝	—
	黄河故道鸟类保护区	—
中原文化	玲珑塔	国家级
	城隍庙	省级
	五龙池遗址	县级
	官渡战场遗址	—
	古黄池遗址	省级
	韦思谦祠堂	县级
	陈桥驿	省级
	安城遗址	县级
	张良渡	—
	抗日民主政府纪念地	县级
	盟仙庙遗址	县级
	中共第一个党支部纪念地	县级
	许长庆墓	县级
	鸣条之战古战场	—
	蔡寨泰山行宫	县级
民俗文化	祥符调发源地	—
	书画之乡草坡村	—
	奶奶庙	—
	葛韩庄瘟神庙	县级
	盐庄关帝庙	县级

续表

文化类型	文化资源	文物保护等级
民俗文化	洛寨杂技	—
	大流寺	—
	九龙山全神庙	—
	侯寨碧霞宫	县级
	龙相玄武殿	县级
	武楼玄帝庙	县级
	书画之乡大村寨	—
	寿圣寺	—
	文寨祖师庙	—
	大浪口传统村落	—

注:数据来源:作者整理。

附录 E   李庄新城居住条件改善情况调查问卷及结果

研究过程中，基于李庄镇地处黄河险工节点性位置、具有历史遗址代表性、搬迁安置试点代表性等特点，本研究选取新乡市封丘县李庄新城作为滩区搬迁安置典型居民点研究对象，发放关于居住条件改善情况的问卷。

具体而言，新乡市黄河贯孟堤起点位于李庄镇贯台村旧址，李庄镇具有黄河险工的节点性作用。1855 年黄河洪泛决口，于李庄镇与尹岗乡交界的铜瓦厢改道，东流入海的黄河自此转向东北方向流淌，具有历史遗址代表性。李庄镇所在的封丘县，当年是国家级贫困县，正处于扶贫的攻坚克难阶段，李庄镇属于重点扶贫对象；在滩区避险与扶贫攻坚的双重背景下，李庄镇采取整体一次性迁至滩外的扶贫安置工程，与兰考县谷营乡、范县陈庄乡共同作为河南省黄河滩区扶贫搬迁试点的首批 3 个乡镇（郝科伟，2015），是新乡市唯一采取滩区整体搬迁与社区建设同步开展的新型农村社区，在新乡市具有代表性。

搬迁安置试点代表性，有利于调查对比滩区整体搬迁安置前后的社会发展情况，为新乡市黄河滩区生活空间多样化发展提供借鉴；历史遗址代表性与黄河险工节点性位置，对新乡市黄河滩区历史文化、河工文化具有非同一般的地位。

截至 2017 年底，李庄新城已经建成 56hm²，首批试点迁建张庄、姚庄、薛郭庄、贯台、南曹 5 个村，共 2053 户、7634 人（侯梦菲、陈晓东等，2017）。调查面向以上完成迁建的居民展开，采取抽样问卷调查形式，委托地方政府工作人员以住户为单位随机发放问卷 100 份，回收 88 份，最终获得有效问卷 75 份，有效问卷约占抽样总户数的 3.7%，占抽样总人数 1.0%。从问卷调查中，重点获取关于居民生活空间满意度、滩区居民现状经济条件、对未来生活空间的诉求。

问卷共设置 19 个问题，从基本情况、社会生活、经济收入等方面展开外迁安置后相关变化情况的调查，以下将对问卷内容与调查获取的数据进行图表列述。

1. 受访者年龄

2. 受访者文化程度

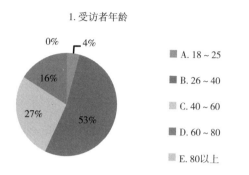

1. 受访者年龄

- A. 18~25
- B. 26~40
- C. 40~60
- D. 60~80
- E. 80以上

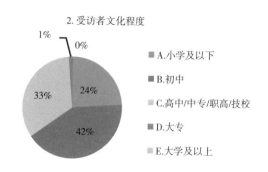

2. 受访者文化程度

- A.小学及以下
- B.初中
- C.高中/中专/职高/技校
- D.大专
- E.大学及以上

3. 受访者职业
4. 在您看来，外迁安置后居住满意度怎样？

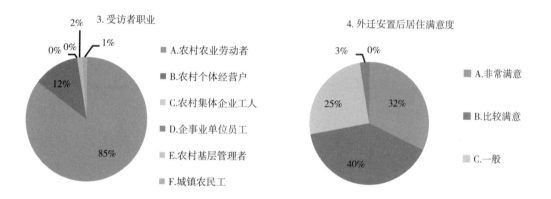

3. 受访者职业

- A.农村农业劳动者
- B.农村个体经营户
- C.农村集体企业工人
- D.企事业单位员工
- E.农村基层管理者
- F.城镇农民工

4. 外迁安置后居住满意度

- A.非常满意
- B.比较满意
- C.一般

5. 在您看来，外迁安置后居住水平有怎样的变化？

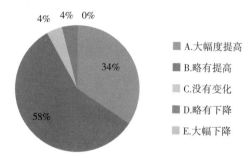

5. 外迁安置后居住水平的变化

- A.大幅度提高
- B.略有提高
- C.没有变化
- D.略有下降
- E.大幅下降

6. 据您所知，现在的安置区有以下哪些服务设施？

6.安置区现有服务设施认知

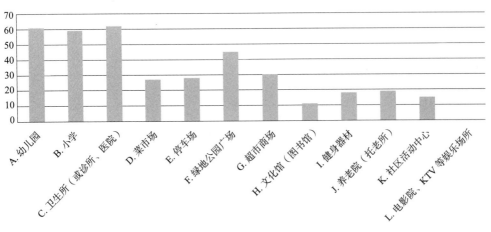

7. 在您看来，现在的生活还需增加以下哪些服务设施?

7.安置区现有服务设施不足

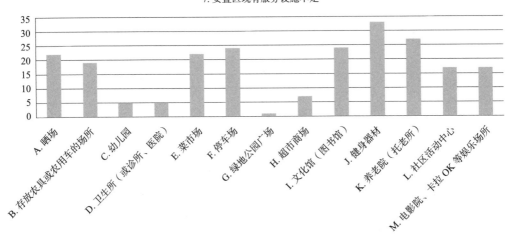

8. 您的户口是否由农业户口转为非农户口?

A. 是　　B. 否

说明:全部受访者的户口在外迁安置中均未做调整，保持农业户口不变。

9. 受访者月收入（包括各种收入来源）共计:

10. 在您看来，外迁安置后相比于之前的家庭收入有怎样的变化?

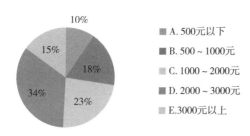

9. 受访者月收入

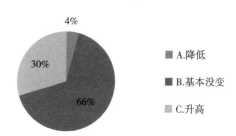

10. 外迁安置后的家庭收入变化

11. 在您看来，外迁安置后相比于之前的家庭支出有怎样的变化？

12. 据您所知，小区附近是否有产业园（或集中就业的工厂）？

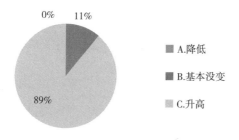

11. 外迁安置后的家庭支出变化

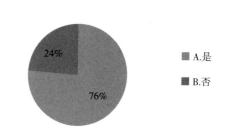

12. 小区附近是否有集中就业场所

13. 在您看来，最希望在就业方面获取什么帮助？

14. 据您所知，您的所有家庭成员现在的收入来源包括哪几方面？

13. 希望在就业方面获取的帮助

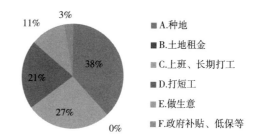

14. 家庭成员目前收入来源

15. 从居住地到田间通常采取的交通方式是哪种？

16. 在您看来，外迁安置后从居住地到田间所需时间有怎样的变化？

15. 从居住地到田间的交通方式

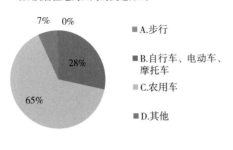

7%　0%

28%

65%

- A.步行
- B.自行车、电动车、摩托车
- C.农用车
- D.其他

16. 从居住地到田间所需时间的变化

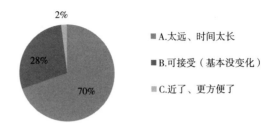

2%

28%

70%

- A.太远、时间太长
- B.可接受（基本没变化）
- C.近了、更方便了

17. 据您所知，您家的耕地现在的使用状况是怎样的？

18. 在您看来，提高家庭收入的最大困难是什么？

17. 家庭耕地使用状况是

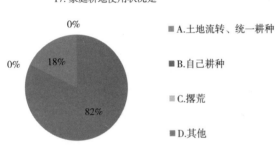

0%

0%　18%

82%

- A.土地流转、统一耕种
- B.自己耕种
- C.撂荒
- D.其他

18. 提高家庭收入的最大困难

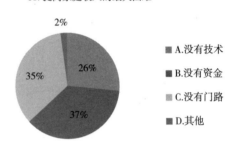

2%

35%　26%

37%

- A.没有技术
- B.没有资金
- C.没有门路
- D.其他

19. 针对以上问题，您还有哪些意见或建议？

针对本问卷中问题 7，受访者建议可以在村落旧址适当安排"晒场"或"存放农具或农用车的场所"，发挥村落旧址的生产服务作用。

参考文献

[1] 白缤丽. 沿黄滩区农业发展方向研究——河南省范县黄河滩区乡经济发展情况调查报告 [J]. 时代金融, 2013（33）: 94-95.

[2] 蔡建明, 郭华, 汪德根. 国外弹性城市研究述评 [J]. 地理科学进展, 2012, 31（10）: 1245-1255.

[3] 蔡云楠, 肖荣波, 艾勇军等. 城市生态用地评价与规划 [M]. 北京: 科学出版社, 2014.

[4] 车伍, 张鹍, 赵杨. 我国排水防涝及海绵城市建设中若干问题分析 [J]. 建设科技, 2015, No.28001: 22-25+28.

[5] 陈娜, 向辉, 叶强, 朱修涛. 基于层次分析法的弹性城市评价体系研究 [J]. 湖南大学学报（自然科学版）, 2016, 43（07）: 146-150.

[6] 冯璐. 弹性城市视角下的风暴潮适应性景观基础设施研究 [D]. 北京林业大学, 2015.

[7] 郭涛. 浅议控导工程简易排水 [J]. 科技致富向导, 2013（32）: 339-339.

[8] 国土资源部, 农业部. 国土资源部农业部关于进一步支持设施农业健康发展的通知 [EB/OL]. （2014-09-29）[2019-03-19]. http://g.mlr.gov.cn/201701/t20170123_1429542.html.

[9] 郝科伟. 长垣县黄河滩区产业发展问题研究 [D]. 郑州大学, 2015.

[10] 侯梦菲, 陈晓东, 朱哲. 李庄村民的新生活 搬出"黄河滩"住进新社区 [EB/OL].（2017-05-09）[2019-03-19]. http://news.dahe.cn/2017/05-09/108411506.html.

[11] 胡中慧. 基于弹性理念的苏南乡村景观规划策略研究 [D]. 苏州科技大学, 2017.

[12] 扈万泰, 王力国, 舒沐晖. 城乡规划编制中的"三生空间"划定思考 [J]. 城市规划, 2016, 40（05）: 21-26+53.

[13] 黄波, 马广州, 王俊峰. 荷兰洪水风险管理的弹性策略 [J]. 水利水电科技进展, 2013, 33（05）: 6-10.

[14] 黄淑阁, 杨正卿, 王英. 黄河下游滩区漫滩概率分析 [J]. 中国水利, 2006（18）: 6-7+12.

[15] 黄晓军, 黄馨. 弹性城市及其规划框架初探 [J]. 城市规划, 2015, 39（02）: 50-56.

[16] 贾晓琳, 李圣化. 浅谈黄河下游滩区扶贫开发建设 [J]. 地下水, 2015, 37（06）: 252-253.

[17] 姜英. 黄河滩区土地资源合理开发利用研究 [D]. 河南理工大学, 2012.

[18] 金贵. 国土空间综合功能分区研究——以武汉城市圈为例 [D]. 武汉: 中国地质大学, 2014.

[19] 康玲玲, 董飞飞, 王昌高, 王云璋. 黄河花园口站汛期径流量未来趋势分析 [A]. 中国水利学会. 中国水利学会 2010 学术年会论文集（上册）[C]. 中国水利学会, 2010: 6.

[20] 李典友. 冗余理论及其在生态学上的应用 [J]. 南通大学学报（自然科学版）, 2006（01）: 50-54.

[21] 李彤玥, 牛品一, 顾朝林. 弹性城市研究框架综述 [J]. 城市规划学刊, 2014（05）: 23-31.

[22]　李彤玥，顾朝林 . 中国弹性城市指标体系研究 [A]. Singapore Management and Sports Science Institute，Singapore. Proceedings of 2014 2nd International Conference on Social Sciences Research（SSR 2014 V6）[C].Singapore Management and Sports Science Institute，Singapore：智能信息技术应用学会，2014：6.

[23]　李彤玥 . 韧性城市研究新进展 [J]. 国际城市规划，2017，32（05）：15-25.

[24]　李鑫，车生泉 . 城市韧性研究回顾与未来展望 [J]. 南方建筑，2017（03）：7-12.

[25]　廖桂贤，林贺佳，汪洋 . 城市韧性承洪理论——另一种规划实践的基础 [J]. 国际城市规划，2015，30（02）：36-47.

[26]　林落 . 潜能无限的"巨型稻"[J]. 科学新闻，2018（01）：35-36.

[27]　刘盾 . 我国劳动力平均受教育年限为 9.02 年 [EB/OL].（2017-12-07）[2019-03-19]. http：//www.jyb.cn/zcg/jzz/201712/t20171207_868771.html.

[28]　刘佳燕，沈毓颖 . 面向风险治理的社区韧性研究 [J]. 城市发展研究，2017，24(12)：83-91.

[29]　刘江艳，曾忠平 . 弹性城市评价指标体系构建及其实证研究 [J]. 电子政务，2014（03）：82-88.

[30]　刘江艳 . 基于弹性城市理念的武汉市土地利用结构优化研究 [D]. 华中科技大学，2014.

[31]　刘伟毅 . 城市滨水缓冲区划定及其空间调控策略研究 [D]. 华中科技大学，2016.

[32]　马建章，鲁长虎，陈化鹏 . 群落边缘效应与物种多样性 [A]. 中国科学院生物多样性委员会、林业部野生动物和森林植物保护司、中国植物学会青年工作委员会 . 生物多样性研究进展——首届全国生物多样性保护与持续利用研讨会论文集 [C]. 中国科学院生物多样性委员会、林业部野生动物和森林植物保护司、中国植物学会青年工作委员会：中国科学院生物多样性委员会，1994：5.

[33]　彭翀，郭祖源，彭仲仁 . 国外社区韧性的理论与实践进展 [J]. 国际城市规划，2017，32（04）：60-66.

[34]　齐璞，曲少军，孙赞盈 . 优化小浪底水库调水调沙运用方式的建议 [J]. 人民黄河，2012，34（01）：5-8.

[35]　秦明周，张鹏岩，赵自胜，杨中华，张鑫，皇甫超申，李志平，陈龙，撒志恒，化高峰 . 开封市黄河滩区土地资源规避洪水风险的安全利用 [J]. 地理研究，2010，29（09）：1584-1593.

[36]　仇保兴 . 构建韧性城市交通五准则 [J]. 城市发展研究，2017，24（11）：1-8+149.

[37]　仇保兴 . 基于复杂适应系统理论的韧性城市设计方法及原则 [J]. 城市发展研究，2018，25（10）：1-3.

[38]　任继周,常生华 . 发展草地农业,确保黄河中下游滩区安全 [J]. 中国农业科技导报,2007(06):7-12.

[39]　邵亦文，徐江 . 城市韧性：基于国际文献综述的概念解析 [J]. 国际城市规划，2015，30（02）：48-54.

[40]　生秀东 . 河南黄河滩区扶贫搬迁中安置地区的选择 [J]. 决策探索（下半月），2015（12）：71-73.

[41] 湿地中国 . 湿地的功能与作用 [OL].（2008-01-03）[2019-03-19]. http：//www.shidi.org/sf_14AA6 418B1514CFBAE1315D6EDD2E83A_151_shidi.html.

[42] 孙阳，张落成，姚士谋 . 基于社会生态系统视角的长三角地级城市韧性度评价 [J]. 中国人口 • 资源与环境，2017，27（08）：151-158.

[43] 陶旭 . 生态弹性城市视角下的洪涝适应性景观研究 [D]. 武汉大学，2017.

[44] 王成新，姚士谋，陈彩虹 . 中国农村聚落空心化问题实证研究 [J]. 地理科学，2005（03）：3257-3262.

[45] 王晓平，王莉 . 黄河下游滩区：一片特殊的土地 [J]. 中国水利，2007（09）：73-80.

[46] 王争艳，黄倩，李天阁，刘晓丽 . 河南省黄河滩区土地利用问题及对策研究 [A]. 河南地球科学通报 2011 年卷（下册）[C].，2011：5.

[47] 谢蒙 . 四川天府新区成都直管区乡村韧性空间重构研究 [D]. 西南交通大学，2017.

[48] 新乡市人民政府 . 新乡市人民政府关于印发新乡市 2012 年黄河防汛抗旱工作方案的通知 [EB/ OL].（2012-07-05）[2019-03-19]. http：//www.xinxiang.gov.cn/sitesources/xxsrmzf/page_pc/zwgk/ zfwj/xzw/article5eac4be04f234ca2bdc9fe93ffe4d771.html.

[49] 徐振强，王亚男，郭佳星，潘琳 . 我国推进弹性城市规划建设的战略思考 [J]. 城市发展研究，2014，21（05）：79-84.

[50] 杨敏行，黄波，崔翀，肖作鹏 . 基于韧性城市理论的灾害防治研究回顾与展望 [J]. 城市规划学刊，2016（01）：48-55.

[51] 张惠璇，刘青，李贵才 . "刚性 • 弹性 • 韧性" ——深圳市创新型产业的空间规划演进与思考 [J]. 国际城市规划，2017，32（03）：130-136.

[52] 张金良 . 黄河下游滩区再造与生态治理 [J]. 人民黄河，2017，39（06）：24-27+33.

[53] 张鹏岩，秦明周，郭聪丛 . 河南黄河滩区土地利用问题及对策研究 [J]. 安徽农业科学，2008，36（34）：15129-15131.

[54] 张荣，孙国钧，李凤民 . 冗余概念的界定与冗余产生的生态学机制 [J]. 西北植物学报，2003（05）：844-851.

[55] 张世全，王家耀，潘元庆 . 基于遥感和 GIS 技术的河南省黄河滩区耕地后备资源调查研究 [J]. 地域研究与开发，2008，27（06）：120-123.

[56] 张有智 . "新乡现象"产生的历史文化因素 [J]. 新乡学院学报，2015，32（07）：8-11.

[57] 赵根生 . 黄河滩区可持续发展道路的若干探讨 [EB/OL]. 北京：中国科技论文在线 .（2005-08-08）[2019-03-19]. http：//www.paper.edu.cn/releasepaper/content/200508-62.

[58] 郑艳，翟建青，武占云，李莹，史巍娜 . 基于适应性周期的韧性城市分类评价——以我国海绵城市与气候适应型城市试点为例 [J]. 中国人口 • 资源与环境，2018，28（03）：31-38.

[59] 邹珊刚 . 系统科学 [M]. 上海：上海人民出版社，1986：304-316.

[60] Adger W N. Social and ecological resilience: Are they related? [J]. Progress in Human Geography, 2000, 24（3）: 347-364.

[61] Ahern J. From Fail-Safe to Safe-to-Fail: Sustainability and Resilience in the New Urban World[J]. Landscape and Urban Planning, 2011, 100（4）: 341-343.

[62] Alberti M, Marzluff J M. Ecological resilience in urban ecosystems: Linking urban patterns to human and ecological functions[J]. Urban Ecosystems, 2004（7）: 241-265.

[63] Alberti M, Russo M. Scenario Casting as a Tool for Dealing with Uncertainty[R]. Cambridge, MA: Lincoln Institute of Land Policy, 2009.

[64] Allan P, Bryant M. Resilience as a Framework for Urbanism and Recovery[J]. Journal of Landscape Architecture, 2011, 6（2）: 34-45.

[65] Bartolome L J, De Wet C, Mander H, et al. Displacement, resettlement, rehabilitation, reparation and development[M]. World Commission on Dams, 1999.

[66] Borja A, Bricker S B, Dauer D M, et al. Overview of integrative tools and methods in assessing ecological integrity in estuarine an coastal systems worldwide[J]. Marine Pollution Bulletin, 2008, 56: 1519-1537.

[67] Bruneau M, Stephanie E C, Ronald T E, et al. A Framework to Quantitatively Assess and Enhance the Seismic Resilience of Communities[J]. Earthquake Spectra, 2003, 19（4）: 733-752.

[68] Bui T M H, Schreinemachers P, Berger T. Hydropower development in Vietnam: Involuntary resettlement and factors enabling rehabilitation [J]. Land Use Policy, 2013, 31: 536-544.

[69] Cernea M M. Risks, safeguards and reconstruction: A model for population displacement and resettlement [J]. Economic and Political Weekly, 2000: 3659-3678.

[70] Desouza K C, Flanery T H. Designing, Planning, and Managing Resilient Cities: A Conceptual Framework[J]. Cities, 2013, 35（4）: 89-99.

[71] Diecues A. Managing Brazil's wetlands: the contribution of research amid the realities of politics[M]. International Seminar on Wetlands Conservation, Rennes, 1988: 87-96.

[72] Diegues A. Human Populations and Coastal Wetlands: conservation and management in Brazil[J]. Ocean & Coastal Management, 1999, 42: 187-210.

[73] Ernstson H, Sander E. Urban transitions: On Urban Resilience and Human-dominated Ecosystems[J]. AMBIO, 2010, 39（4）: 531-545.

[74] Etkin D. Risk Transference and Related Trends: Driving Forces Towards More Mega-disasters[J/OL]. Environmental Hazards, 1999, 1: 69-75. http://dx.doi.org/10.3763/ehaz.1999.0109.

[75] Godschalk D R. Urban hazard mitigation: creating resilient cities[J]. Natural Hazards, 2003（4）: 136-143.

[76] Guikema S D. Infrastructure Design Issues in Disasterprone-regions[J/OL]. Science, 2009, 323: 1302-1303. http://dx.doi.org/10.1126/science.1169057.

[77] Gregory D S. Daniel W L. Coastal Wetlands Planning, Protection, and Restoratio Act: A programmatic application of adaptive management[J]. Ecological Engineering, 2000, 15: 385-395.

[78] Gunderson L H, Holling C S. Panarchy: UnderstandingTransformations in Human and Natural Systems[M]. Washington D C: Island Press, 2002.

[79] Gunderson L H. Adaptive Dancing: Interactions Between Social Resilience and Ecological Crises[M] Navigating Social-Ecological Systems: Building Resilience for Complexity and Change. Cambridge University Press, 2003: 33-52.

[80] Halpern B S, Selkoe K A, Micheli F, et al. Evaluating and ranking the vulnerability of global marine ecosystems to anthropogenic threats[J]. Conservation Biology, 2007, 21: 1301-1305.

[81] Holling C S. Resilience and stability of ecological systems[J]. Annual Review of Ecology and Systematics, 1973 (4): 1-23.

[82] Holling C S, Gunderson L H. Barriers and Bridges to the Renewal of Ecosystems and Institutions[M]. New York, NY: Columbia University Press, 1995.

[83] Holling C S. Engineering Resilience versus Ecological Resilience: Engineering Within Ecological Constraints[M].Washington D C: National Academy Press, 1996: 31-44.

[84] Holling C S, Gunderson L H. Resilience and Adaptive Cycles[M].Panarchy: Understanding Transformations in Human and Natural Systems. Island Press, 2001: 25-62.

[85] Indu H. Advancing knowledge: a key element of the World Bank's integrated coastal management strategic agenda in Sub-Saharan Africa[J]. Ocean & Coastal Management, 2000, 43: 361-377.

[86] Jabareen Y. Planning the resilient city: concepts and strategies for coping with climate change and environmental risk[J]. Cities, 2013 (31): 220-229.

[87] Lloyd A. Stranger in a strange land: enabling information resilience in resettlement landscapes [J]. Journal of Documentation, 2015.

[88] MCEER. White Paper on the SDR Grand Challenges for Disaster Reduction[R]. MCEER, Buffalo, N Y, 2005.

[89] Mileti D S. Disasters by Design: A Reassessment of Natural Hazards in the United States[M]. Washington D C, USA: Joseph Henry Press, 1999.

[90] Norris, F. H., Stevens, S. P., Pfefferbaum, B., Wyche, K. F., & Pfefferbaum, R. L. (2008). Community Resilience as a Metaphor, Theory, Set of Capacities, and Strategy for Disaster Readiness. American Journal of Community Psychology, 41 (1-2), 127-150. Doi: 10.1007/s10464-007-9156-6.

[91] Parsons S. Ecosystem considerations in fisheries management：Theory and Practice[J]. In J Mar Coast Law，2005，20（3/4）：381-422.

[92] Paton D，Johnston D. Disasters and communities：Vulnerability，resilience and preparedness[J]. Disaster Prevention and Management，2001，10（4）：270-277.

[93] Paton D，Hill R. Managing Company Risk and Resilience Through Business Continuity Management，Disaster Resilience：An Integrated Approach[M]. USA：Springfield，2006：250-267.

[94] Patrick S，Marco B，Jean Paull B，et al. The roal of knowledge and research in facilitating social learning among stakeholders in natural resources management in the French Atlantic coastal wetlands[J]. Environmental Science & Policy，2007，10：537-550.

[95] Polèse M. The resilient city：On the determinants of successful urban economies[M]//Paddison R，Hutton T. Cities and Economic Change. London：Forthcoming Press，2010.

[96] Resilience Alliance. Urban Resilience Research Prospectus[OL]. Australia：CSIRO，2007. 2007-02[2011-5-20]http：//www.resalliance.org/index.php/urban_resilience.

[97] Rose A，Lim D. Business interruption losses from natural hazards：Conceptual and methodology issues in the case of the Northridge Earthquake[J]. Environmental Hazards：Human and Social Dimensions，2002，4（1）：1-14.

[98] S. K. McFEETERS. The use of the Normalized Difference Water Index（NDWI）in the delineation of open water features [J]. International Journal of Remote Sensing，1996，17（7）：1425.1432.

[99] Stevens M R，Berke P R，Song Y. Creating disaster-resilient communities：Evaluating the promise and performance of new urbanism[J]. Landscape and Urban Planning，2010，94（5）：105-115.

[100] Subcommittee on Disaster Reduction. Reducing Disaster Vulnerability through Science and Technology[R]. National Science and Technology Council Committee on the Environment and Natural Resources，2003.

[101] Walker B，Holling C S，Carpenter S R，et al. Resilience，Adaptability and Transformability in Social-Ecological Systems[J]. Ecology and Society，2004，9（2）：5.

[102] Walker B H. Biodiversity and Ecological Redundancy[J]. Cons Biol，1992.6：18-23.

[103] Wardekker J A，Jong A，Knoop J M，et al. Operationalizing a Resilience Approach to Adapting an Urban Delta to Uncertain Climate Changes[J]. Technological Forecasting and Social Change，2010，7（6）：987-998.

[104] Wildavsky A. Searching for Safety[M]. New Brunswich N. J：Transaction Books，1988：253.

[105] Wilson，G. A. (2014). Community resilience：path dependency，lock-in effects and transitional ruptures. Journal of Environmental Planning and Management，57（1），1-26. Doi：10.1080/09640568.2012.741519.